侏罗纪煤田顶底板水害防治与工程劣化效应控制技术

吕玉广　　肖庆华　　曹艳伟　　著
赵宝峰　　赵仁乐　　陈军涛

中国矿业大学出版社
·徐州·

内 容 提 要

本书以新上海一号煤矿为研究对象，以采矿学、水文地质学、地下水动力学、沉积学、构造地质学等学科为基础，采用理论分析、现场实测、数值模拟、现场试验等方法，利用光纤探测、三图-双预测法、多类型"四双"工作法、计算机模拟、放水试验等手段，较好地解决了煤层顶底板水害问题，提出了软岩劣化效应概念。

本书可供相关专业的研究人员借鉴、参考，也可供广大教师和学生学习使用。

图书在版编目(CIP)数据

侏罗纪煤田顶底板水害防治与工程劣化效应控制技术/
吕玉广等著.一徐州:中国矿业大学出版社，2020.12
　　ISBN 978 - 7 - 5646 - 4913 - 5

　　Ⅰ.①侏…　Ⅱ.①吕…　Ⅲ.①煤矿－矿山水灾－防治
－研究－内蒙古自治区　Ⅳ.①TD745

　　中国版本图书馆 CIP 数据核字(2020)第 271769 号

书　　名	侏罗纪煤田顶底板水害防治与工程劣化效应控制技术
著　　者	吕玉广　肖庆华　曹艳伟　赵宝峰　赵仁乐　陈军涛
责任编辑	何晓明
出版发行	中国矿业大学出版社有限责任公司
	（江苏省徐州市解放南路　邮编221008）
营销热线	(0516)83884103　83885105
出版服务	(0516)83995789　83884920
网　　址	http://www.cumtp.com　E-mail:cumtpvip@cumtp.com
印　　刷	广东虎彩云印刷有限公司
开　　本	787 mm×1092 mm　1/16　印张 13　字数 234 千字
版次印次	2020 年 12 月第 1 版　2020 年 12 月第 1 次印刷
定　　价	58.00 元

（图书出现印装质量问题，本社负责调换）

前　言

　　煤炭是世界上使用最为广泛的能源之一,到 2040 年将升至能源消费总量的三分之一左右。我国是世界第一产煤大国,煤炭一直是我国的主要能源和重要原料,其在一次性能源生产和消费中占据主导地位且较长时期不会改变。我国侏罗纪煤炭资源主要分布在内蒙古、陕西、甘肃、宁夏以及新疆北部,已探明储量占到了总量的39.6%。侏罗纪煤炭资源的安全高效绿色开发是"一带一路"倡议顺利实施和西部大开发的重要基础,同时也是国民经济发展的必要保障。内蒙古上海庙矿区位于鄂尔多斯盆地西缘鄂托克前旗境内,侏罗纪煤炭资源占煤炭资源总量的 90% 以上,是上海庙能源化工基地的主要供煤产区。

　　我国西北地区气候干旱,以往认为矿井水文地质条件较为简单、受水害威胁程度较小,但是近年来随着矿井开拓范围增大、开采水平加深,矿井面临的顶底板水害和软岩问题日渐突出,已经成为制约矿井安全高效生产的主要瓶颈。

　　内蒙古上海庙矿区新上海一号煤矿 111084 工作面曾发生顶板溃水溃砂,瞬时水量达 2 000 m³/h,出水总量 23.3 万 m³,溃出泥砂量 3.58 万 m³,导致工作面被淹;一分区胶带暗斜井在掘进接近 21 煤时发生底板突水,最大水量达 36 000 m³/h,致使矿井被淹;顶板淋水、底板渗水、生产用水、空气中水分等因素已造成底板泥化、围岩膨胀扩容、巷道大变形,采煤和掘进效率不高。新上海一号煤矿主要面临顶底板水害防控和软岩工程劣化控制两个主要问题,具体表现为顶板含水层富水性和突水危险性分区、基岩突水溃砂事故的孕灾机理及其防控、软岩劣化效应及其控制、底板砂岩水害形成机理及其解危措施等。

　　本书针对以上科学问题,以新上海一号煤矿为研究对象,以采矿学、水文地质学、地下水动力学、沉积学、构造地质学等学科为基础,采用理论分析、现场实测、数值模拟、现场试验等方法,利用光纤探测、三图-双预测法、多类型"四双"工作法、计算机模拟、放水试验等手段,较好地解决了煤层顶底板水害问题,提出了软岩劣化效应概念。

　　全书共 9 章,各章撰写分工如下:第 1 章、第 2 章由肖庆华撰写,第 3 章、第 4 章由赵仁乐撰写,第 5 章、第 6 章、第 7 章、第 8 章由吕玉广撰写,第 9 章由赵宝峰撰写。全书由曹艳伟、陈军涛、赵宝峰统稿及定稿。

　　本书的相关研究工作得到了中国矿业大学乔伟教授、孙亚军教授,中国矿业大学(北京)程久龙教授,中煤科工集团西安研究院有限公司靳德武教授、程建远教授,中国煤炭地质总局许超总工程师,煤炭科学技术研究院有限公司李宏杰教授等的大力支持与帮助。同时,对书中引用文献的作者表示诚挚的谢意!

　　由于著者水平有限,书中难免存在疏漏与不妥之处,恳请广大读者不吝赐教。

著　者

2020 年 10 月

目 录

第 1 章　绪　　论

1.1　研究背景

1.1.1　侏罗纪煤炭资源能源战略地位

　　煤炭是世界三大能源之一,到 2040 年将升至能源消费总量的三分之一左右,据 2019 年版《BP 世界能源统计年鉴》,世界能源供给仍然以化石能源为主,其中石油占全球一次能源消费量的 34%、煤炭约占 27%、核能和水电比重分别为 4% 和 7%。我国能源"富煤、缺油、少气"的禀赋特点,决定了在很长一段时间里经济发展离不开煤炭。我国能源消费总量中煤炭占比达 58%,预计在未来 10 年内能源消费仍将以煤炭为主(50% 以上)。"十三五"时期,我国石油、天然气对外依赖度达 67% 以上,煤炭是掌握在我们自己手中的,因此,煤炭是我国最安全的战略能源。

　　侏罗纪煤炭资源储量丰富,在我国煤炭资源总量中占据很大比例,主要集中在内蒙古、陕西、甘肃、宁夏四省区以及新疆北部。已探明煤炭储量中,侏罗纪煤占 39.6%,石炭-二叠纪煤占 38.0%,白垩纪煤占 12.2%,晚二叠纪煤占 7.5%,第三纪煤占 2.3%,晚三叠纪煤占 0.4%。尚未探明的煤炭预测储量中,侏罗纪煤占 65.5%,石炭-二叠纪煤占 22.4%,晚二叠纪煤占 5.9%,白垩纪煤占 5.5%,第三纪煤占 0.4%,晚三叠纪煤占 0.3%。在各个成煤期中,侏罗纪煤的平均含硫量最低、灰分最低,这是侏罗纪煤的最大优势。随着我国东部矿区以石炭-二叠纪煤为主体的煤炭资源逐步枯竭,西部以侏罗纪煤为主的煤炭资源战略地位更显重要。

1.1.2　侏罗纪煤田顶板水害严重

　　侏罗纪煤炭分布的内蒙、陕、甘、宁、新疆等省区均处于我国西北部,气候干旱少雨。依据传统观点,侏罗纪煤层开采主要受砂岩孔隙-裂隙水影响,水文地质条件简单。许多井田勘探成果也表明,砂岩含水层单位涌水量一般小于 $0.1\ L/(m \cdot s)$,归类于富水性弱至中等含水层。但近年来这类弱含水层突水的事故案例较多,瞬时水量大、周期性间歇式突水,水中携带大量泥砂是其突出特点,大量生产实践表明"有砂岩就有水,出水必溃砂"。如内蒙古上海庙矿区新上海一号煤矿 111084 工作面突水,瞬时水量达 2 000 m³/h,出水总量 23.3 万 m³,溃出的泥砂量 3.58 万 m³,工作面被泥砂掩埋;陕西铜川某煤矿 202 工作面回采过程中发生突水溃砂事故,总水量达 32 267 m³,携带泥砂量 1 680.45 m³,酿成 11 人死亡的恶性事故;陕西永陇能源某煤矿 21 盘区 21301 工作面共发生突水 12 次、21302 工作面共发生突水 4 次,短时水量高达 1 100 m³/h;陕西彬州某煤矿 40110 工作面发生的 200 m³/h 以上的突水就有 10 次,41104 工作面发生的 100～200 m³/h 突水达 57 次;国家能源宁夏煤业 某煤矿 1121 工作面 7 个月仅推进 186 m,却经历了 4 次突水,最大水量高达 3 000 m³/h;铜川焦坪矿区某煤矿 1412 工作面 1 年内共发生 6 次突水事故, 瞬时水量达 2 000 m³/h。

西北侏罗纪煤田砂岩裂隙含水层突水的危害性不仅仅在于短时水量大的问题,更大的问题在于水-砂混合涌出不利于排水,容易造成埋架,甚至是埋人。弱富水含水层短时、泥砂混合突涌(含砂量 8%～15%)、泥砂来自基岩含水层、周期性间歇性突水模式等是侏罗纪煤田突水灾害的典型特征。有文献认为,基岩突水溃砂与古河床有关,但均无实际探查资料验证。笔者分析认为,基岩突水溃砂符合离层突水特点。关于离层突水机制有文献可查的主要有静水压涌突水理论和关键层周期性破断理论两种。静水压涌突水理论将离层水体下有效隔水层视为隔水岩梁,借用底板突水系数概念,认为当隔水层厚度不足以抵抗上部静水压力时岩梁发生破断而突水,但位于隔水岩梁下方的导水裂隙带为实体岩层而非虚空状态,对上覆岩层固支能力几乎不变,是否符合岩梁的应用条件值得商榷。关键层周期性破断理论可以较好地解释工作面回采过程中的周期性突水,却无法解释工作面在停止推进情况下后续间歇性突水过程,也没有指明离层水害发生的时空条件。煤炭科学研究总院刘天泉院士、山东科技大学李白英教授等将采场上覆岩层分为"三带";山东科技大学高延法教授基于地面注浆减沉工程实践提出"上四带"的观点。笔者通过对含水层水位长期观测以及在覆岩内埋设光纤传感器进行应力监测,认为煤层上方基岩内任何层段上均可以产生离层,以此提出了"新上四带"的观点;通过研究,提出离层水害发生的 6 个必要条件,其中任何一个条件被改变都可以避免此类地质灾害的发生;强调只有位于导水裂隙带顶界附近的离层空间才同时具备汇水时间条件和导水通道条件,为此类事故的预防提供了技术支撑。

1.1.3 侏罗纪煤田受底板高承压水威胁

侏罗系延安组煤系地层底部的宝塔山砂岩含水层具有水压高、补给丰富、弹性释水能力强等水文地质特征,现阶段西部侏罗纪煤层的开发还处于开采上煤组阶段,上煤组煤层厚度大、埋藏浅,不受宝塔山砂岩高承压含水层影响,导致这一重要的含水层尚不被广泛认识,可供参考的资料极少,个别早期进入中、下煤组开采的煤矿遭受突水后无法判断水源和通道。如内蒙古上海庙矿区新上海一号煤矿一分区胶带暗斜井接近 21 煤层时底板发生突破性涌水,水量约 3 600 m³/h,瞬时最大水量 10 000 m³/h,致使矿井被淹。事故发生后,国内许多专家推测是奥陶系灰岩通过隐伏构造突水,甚至有的专业人员怀疑是黄河水从深部导入,基本都没有考虑到砂岩水的问题。矿井的二水平大巷设计在延安组 21 煤层,而 21 煤层下距宝塔山砂岩含水层 0～26 m,平均 5.9 m。勘探设计单位没有认识到 21 煤层底板含水层问题,勘探施工单位没有发现该含水层,矿井设计单位同样不掌握宝塔山砂岩为高承压强含水层的情况,专业领域内均对该含水层认识严重不足。随着西部大开发的深入推进,将有更多的矿井进入中、下煤组开采,中煤组和下煤组受宝塔山砂岩含水层威胁严重,因此,开展宝塔山砂岩含水层探查和解危开采技术研究十分迫切。

1.1.4 侏罗纪煤田软岩劣化效应显著

侏罗纪煤田弱胶结软岩地层遇水泥化严重,巷道变形量大,支护成本高,巷道返修工程量大;采煤工作面由于淋水而造成底板软化、泥化,综采支架容易陷底,刮板输送机上翘,工作面无法正常推进,采煤效率低下。受水威胁和软岩劣化效应是制约侏罗纪煤田安全高效生产的两大瓶颈,两者同等重要,同时又是一个问题的两个方面,两者都与"水"有关。十余年来,笔者及团队成员在实践中探索、探索中实践后发现,岩层物理力学性质和结构特点是劣化效应的内因,水才是软岩劣化效应的外在诱因,且是重要影响因素,单纯依靠支护材料创新和支护参数调整难以打通劣化效应的"最后一公里",为此提出"治软先治水""大水防探、小水管理"等控制劣化效应的措施。特殊的膨胀性软岩矿区防治水工作任务不单纯是保安全,也是保生产。软岩和水两大难题叠加后问题更加复杂,水是个难题,软岩也是个难题,但当软岩遇到水才是个真正的难题。"疏干开采"是解决问题的首选方法,但如何进行疏干、疏放后如何评价疏干程度需要研究,采前评价缺少量化判据。

1.1.5 上海庙能源化工基地建设需要

2011 年,国家发展改革委员会批准了《上海庙能源化工基地开发总体规划》。2016 年,国家能源局以"国能电力〔2016〕126 号"文件出具了鄂尔多斯煤电基地上海庙至山东特高压输电通道配套电源建设规划的复函。内蒙古自治区政府先后评审批复了《上海庙能源化工基地规划水资源论证报告》《上海庙能源化工基地工业污水处理厂可研报告》《上海庙经济开发区土地集约利用评价成果更新报告》《上海庙能源化工基地疏干水综合利用规划方案》《上海庙经济开发区总体规划》等,规划依托的就是上海庙矿区丰富的煤炭资源。上海庙矿区煤炭资源分布面积超过 4 000 km²，探明储量 142 亿 t，远景储量 500 亿 t 以上，其中侏罗纪煤占资源总量的 90% 以上，石炭-二叠纪煤占接近 10%。2013 年，国家发展改革委员会批准《上海庙矿区总体规划（修编）》，共划分为 14 个井田（图 1-1），总产能约 4 000 万 t/a；规划 4 座 4 个 2×100 万 kW 煤电项目，是"西电东输"的重要电源点；规划煤化工项目 1 000 万 t/a，40 亿 m³ 煤制气工程投资项目已经核准。

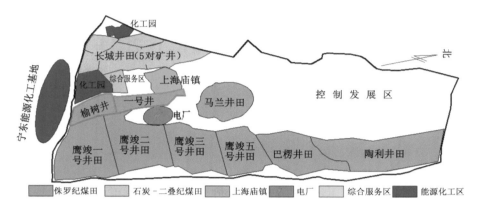

图 1-1　上海庙能源化工基地规划图

石炭-二叠纪煤层集中在矿区的西南角，新矿集团内蒙古能源有限责任公司为开发主体，5 对矿井均已建成投产。侏罗纪煤炭资源分布在矿区的中东部，规划 9 对矿井，目前仅有 2 对矿井建成投产。榆树井煤矿设计生产能力 300 万 t/a，新上海一号煤矿设计生产能力 400 万 t/a，均由内蒙古上海庙矿业有限责任公司投资建设。其他 7 对矿井设计生产能力 500 万～1 000 万 t/a，是上海庙矿区主力矿井，目前尚未建设。

十余年来，上海庙能源化工基地建设缓慢，原因在于煤炭开发进展缓慢，直接原因是榆树井煤矿、新上海一号煤矿在建设和生产过程中遇到井巷大变形、围岩软化泥化、顶板突水溃砂、底板突水等一系列工程地质难题，致使其他大型矿井建设工作长期处于观望状态。

1.2　国内外研究现状

1.2.1　顶板水害防治研究现状

（1）国外研究现状

由于地质条件及煤层赋存条件的差异性，世界上一些产煤大国如美国、加拿大、德国、澳大利亚、英国等一般都不存在顶板和底板突水问题，匈牙利、波兰、西班牙等国家不同程度地受到底板岩溶水的影响。国外对采动覆岩破坏规律进行了长期研究和实践,并根据本国实际制定了有关规程与规定。例如,英国矿业局早在1968年就颁布了《海下采煤条例》,对上覆岩层的组成、厚度、采高以及采煤方法等做了相应的具体规定;日本曾有11个矿井开展过海下采煤,水患防治措施严密,安全规程针对冲积层的组成与赋存厚度做出了允许与禁止开采的规定;苏联于1973年出版了《确定导水裂隙带高度的方法指南》,1981年颁布了《关于水体下开采的规程》,根据上覆岩层中黏土层厚度、煤层厚度、重复性采动等条件确定安全采深。

目前,国外防治顶板突水(溃砂)主要采用主动防护法,即采用地面垂直钻孔,用潜水电泵预先疏干含水层。为了适应预先疏干方法,国外生产了高扬程(达1 000 m)、大排水量(达5 000 m³/h)、大功率(2 000 kW)的潜水电泵,疏干过程采用电脑自动控制。国外堵水截流方法也有很大发展,建造地下帷幕方法越来越受到重视。为充分利用隔水层厚度,减少排水量,国外正在对隔水层的隔水机理、突水量与构造裂隙的关系、高水压作业下的突水机理以及隔水层稳定性与临界水力阻力的综合作用等进行研究。对于膨胀性软岩劣化效应与控制方面研究则较少。

(2)国内研究现状

我国顶板突水机理研究主要有"上三带"理论、岩移"上四带"理论、"两带"高度探测等。中国工程院刘天泉院士、山东科技大学李白英教授等提出的覆岩破坏学说,根据覆岩破坏特征及导水性能将上覆岩石分为"三带",即冒落带、裂隙带和整体弯曲下沉带,是国内研究顶板突水机理的理论基础。"两带"即冒落带和裂隙带,该理论对矿井顶板突水有重要意义,在大量实践基础上总结了"两带"高度计算公式,拓展了"上三带"理论的实用性。山东科技大学高延法教授基于地面注浆减沉工程实践,突破了传统的"三带"概念,提出采后覆岩移动"上四带"模型。"上四带"模型认为,采后覆岩结构具有分带性,结构力学模型应划分为破裂带、离层带、弯曲带和松散冲积层带。中国工程院钱鸣高院士提出的"砌体梁"力学模型、"关键层"理论和中国科学院宋振骐院士提出的"传递岩梁"理论,从矿山压力与岩层控制方面解释了顶板突水的机理。

20世纪60年代以前,我国对导水裂隙带高度的研究基本上处于认识性阶段。20世纪70年代以来,我国开始用专门的观测孔来研究导水裂隙带发育高度,并就观测孔中水位变化及水的漏失量情况等提出了有效和无效导水裂隙的区分。康永华根据兴隆庄煤矿大量的现场实测资料,总结了中硬覆岩厚煤层长壁冒落开采条件下炮采、综采及综放开采分别对导水裂隙带发育高度及其剖面形态的影响,提出减小初次开采厚度可以降低导水裂隙带发育高度的观点。赵经彻等应用内应力场和外应力场理论,结合实验室模拟研究,对分层开采、网下综放、全厚综放三种不同条件下的冒落岩层厚度、导水裂隙带高度等进行分析和探讨,并建立了相应的力学模型。杜时贵等认为,煤层倾角是控制"三带"高度的主要因素之一,通过弹塑性岩石材料的非线性有限元模拟,提出利用应力重新分布图来判断中、缓倾角煤层覆岩"三带"高度的方法。许家林等在深入研究覆岩关键层对导水裂隙发育规律的基础上,提出通过覆岩内关键层位置来预计导水裂隙带高度的新方法。范志胜利用变形分析方法,根据工作面推进过程中引起的上覆岩层水平拉伸变形的大小,结合该岩层的力学性质来判断是否导水,从而确定导水裂隙带的顶点。许延春等实测了多组钻孔数据,采用数理统计回归分析方法得出了适用于综放采煤工作面中硬、软弱覆岩条件下的"两带"高度计算经验公式。

总体上说,多年来国内研究取得了不少突破性进展,理论上较为先进:开始引入现代统计数学、损伤力学、断裂力学、弹塑性力学、流变力学等理论和现代测试技术及计算机技术;研究内容较广泛:除重点研究地质构造、地层岩性、水文地质特征、岩体结构等地质条件外,还广泛研究了与覆岩移动变形有关的原岩应力场,在深入研究岩体力学特性、时间效应的基础上,对裂隙带的演变过程进行动态分析;研究方法较先进:广泛应用物理模拟和数值模拟方法,使研究的深度不仅仅局限于覆岩移动变形、破坏现象等,而且从覆岩变形破坏过程、影响因素等方面探讨了导水裂隙的形成机理,并在此基础上进行了预测。

导水裂隙带高度的确定目前并没有十分精准的方法或手段,主要的研究方法有经验公式、相似材料物理模拟、数值模拟和现场实测等,将几种方法相互结合判断导水裂隙带高度较为科学。

经验公式:《建筑物、水体、铁路及主要井巷煤柱留设与压煤开采规范》中根据煤层的倾角、覆岩岩性给出了两种计算公式。经验公式概念清晰、简单易求,但每个矿区的地质条件、采矿条件、采煤方法皆不同,所以经验公式计算的结果只能作为参考数据,需结合其他方法来综合判定。

物理模拟:可以模拟煤层开采时的覆岩破坏过程、覆岩破坏特征和规律,并且重点模拟在不同覆岩特性、不同开采煤厚、断层活化情况下覆岩破坏规律和破坏高度,得到导水裂隙带发育高度及其计算方法,与上述经验公式得到的结果对比,进一步修正模型。

数值模拟:主要包括有限元法和离散元法,其中有限元法是迄今为止在应力和变形方面最为成熟的方法之一。近年来发展起来的快速拉格朗日分析法(简称FLAC)已被程序化、实用化,其基本原理类同于离散单元法。美国ITASCA(依泰斯卡)公司开发的FLAC 3D软件,能够进行土质、岩石和其他材料的三维结构受力特性模拟和塑性流动分析,对于煤层开采时的顶板应力分布状态能直观地反映出来,能很好地揭示顶板破坏过程及开采临近断层时对断层的扰动情况,从而对断层煤柱的合理留设有重要的指导意义。数值模拟最大的困难是参数获取,由于地层是非均质体,获取所有地层(岩石)相关的物理力学参数几乎是不可能的,因此数值模拟结果的普适性会受到限制。

现场实测:现场实测是确定导水裂隙带的基本途径,其他的方法都是辅助手段。为了验证现场实测的结果,可以与物理模拟或者数值模拟的结果相比较,努力减少误差。现场实测法主要有注水试验法、高密度电阻率法、超声波成像法、声波CT层析成像法等。

1.2.2 离层水害研究现状

(1)国外研究现状

矿井水的形成一般是由于巷道揭露和采空区垮塌波及水源所致,水源一般包括地表水、大气降水、含水层水、断层水、老塘水等。传统水源分类中没有离层水,离层水本质上是次生水源,是由于采煤而引起在覆岩内产生离层空间,围岩中的裂隙水向离层空间汇集积聚起来的次生水体。

1983年,德国学者Kratzsch(克拉茨)在《采动损害及防护》一书中,首次提出离层的概念;1984年,美国学者Peng(彭)提出,工作面开采后覆岩离层和破坏均发生在压力拱内,顶板覆岩在垂向上分为"三带",离层现象主要发生在裂隙带内;1986年,波兰学者Palarski(帕拉斯基)通过大量实例研究后提出,采用离层注浆的方法可有效控制地表沉陷,并预测通过离层注浆可使地表的沉陷量减少20%~30%;1990年,苏联学者Самарин(萨马林)以水体下采煤为研究对象,重点研究了离层带的形成、发育位置及其影响因素;1993年,Lin(林)分析了复合顶板层面位移的不连续性和应力的变化特征;Molinda(莫林达)对复合顶板离层进行了现场观测,提出了注浆加固顶板的方法。

(2)国内研究现状

近十余年来,离层积水引发的突水案例很多,最具代表性的是2005年5月16日淮北矿业集团某煤矿745工作面发生的离层水害,短时最大水量高达3 887 m³/h,损失惨重,此后离层水这种次生水源才引起国内专家学者们的高度重视。2018年5月2日,国家煤矿安全监察局第16次局长办公会议审议通过并于同年9月1日施行的《煤矿防治水细则》首次将离层水纳入规程、规范管理的范畴。

地层沉积条件、采煤方法、采煤工艺不同,离层水害形成机制也不同,即使对同一起事故案例,国内学者对其形成机制的认识也不尽相同。淮北矿业集团某煤矿煤层上方有巨厚坚硬的火成岩,普遍认为火成岩与下位岩体之间不协调弯曲下沉形成离层空间,裂隙水持续向离层空间内汇集形成离层水体,但就突水机制方面大家观点各异。关于 745 工作面突水事故的相关文献较多,具有代表性的突水机制研究有以下几种:

① 淮南矿业集团韩亚东等通过对水文地质和工程地质条件分析、相似材料模拟和数值模拟,认为事故煤矿的顶板水害为次生离层水包破裂所致,并用钻探和光学成像进行了证实。离层突水机制为:离层空间过大,上覆火成岩悬顶过长而发生断裂时,对离层水体产生冲击性压力,使得水包发生破裂而溃水。

② 中国矿业大学朱卫兵等在工程探测和理论分析基础上,提出离层区积水具有载荷传递作用,上部火成岩没有断裂,而是其部分载荷通过水体传递给下部的亚关键层,导致亚关键层发生复合破断,使得顶板导水裂隙高度异常发育,沟通了离层区积水。

③ 中国矿业大学乔伟等在分析了采场顶板离层水涌突实例基础上,提出了离层水静水压涌突水机理,采场顶板离层水静水压涌突水的主要诱导因素为离层水的静水压力。

上述三种观点对离层的形成机理以及离层产生的空间位置没有异议,但对离层水突出的源动力存在不同的观点:第一种观点认为突水的诱因为上部火成岩周期性破断冲击,导致下位隔水层破断突水;第二种观点认为离层水体传递了上覆火成岩体部分载荷,下位隔水层不足以承受水压和火成岩的双重载荷而破断突水;第三种观点则直接将底板突水系数公式应用到顶板离层水突水机理上,认为离层水体下有效隔水层在离层水体静水作用压力下破断。

1.2.3　突水溃砂研究现状

（1）国外研究现状

国外针对突水溃砂灾害的研究最早集中在薄基岩厚松散层工作面开采覆岩破坏及支架受力等方面,苏联学者 Цимбарович(秦巴列维奇)基于对浅埋煤层开采实践分析研究,提出了"台阶下沉"假说,他认为支架所受的力应该考虑整个上覆岩层载荷的作用。Budryk(布德雷克)指出,覆土存在厚黏土层时,埋深 100 m 的煤层放顶时煤柱伴随支架出现动载现象,说明来压明显,且与普通来压特征存在明显区别。Booth(布思)等通过对长壁工作面上覆砂岩含水层的探索与研究,详细分析了煤层开采以后地表沉陷的特点及在其影响下砂岩含水层储水能力、渗透性、水压各方面水理性质的变化,提出了在长壁开采引起的地下水位下降的情况下的可恢复性观点。Karaman(卡拉曼)等也对长壁工作面的开采边界与开采范围内的地下水位变化之间的关系进行了动态分析与研究,预测了含水层的水位变化规律。

国外对基岩突水溃砂的研究鲜有涉及。

（2）国内研究现状

我国西北地区浅埋煤层薄基岩下采煤突水溃砂案例较多，华东、华北地区为了增加可采资源量提高开采上限后，此类地质灾害也时有发生。国内针对突水溃砂的研究主要针对薄基岩、厚松散层下工作面开采突水溃砂灾害。范立民等以神府矿区为例，在突水溃砂机理分析的基础上讨论了突水溃砂灾害形成的影响因子，编制了无量纲图，采用熵权法确定了各因素的权重，在GIS平台上构建了突水溃砂评价模型。隋旺华等从理论研究、室内试验等方面总结了煤矿突水溃砂机理的研究现状，指出了上覆松散含水层的水头压力与溃砂通道宽度是描述突水溃砂机理的关键，并研究了近松散层下工作面开采孔隙水压力变化及其对突水溃砂前兆的意义；通过室内试验研究了近松散层下采煤时，覆岩采动裂隙水-砂溃涌临界水力坡度。连会青等以石圪台薄基岩浅埋煤层为研究对象，开展了薄基岩浅埋煤层覆岩运移流固耦合模拟试验，实现了水压和水体的灵活加载，找到了隔水层材料配比。宋亚新结合哈拉沟煤矿22402工作面突水溃砂实例，提出了煤层覆岩属单一关键层结构，关键层破断导致上覆岩层整体断裂下沉，导水裂隙带沟通含水层发生突水溃砂。范宗乾等以石场湾煤矿4205工作面为例，建立了顶板周期破断力学模型，提出超前控水、支护控制、开采控制等防控措施。王世东等针对韩家湾煤矿三盘区富水性中等、有突水危险性的问题，以地下水动力学为基本原理，建立了以渗透破坏的临界水力坡度为条件的预防突水溃砂发生的临界条件和预计公式。刘洋采用物探、钻探和抽水试验等技术对韩家湾煤矿三盘区进行了水文地质补勘，根据勘探结果得出了工作面不具备溃砂条件的结论。王振荣以哈拉沟煤矿22206工作面为例，提出了井下疏放水与注浆加固相结合的治理方法，并在此基础上形成了"疏注结合、先疏后注、边治边探、先治后采"的突水溃砂防治技术路线。

目前国内学者研究的对象均是近地表松散流沙溃入采场现象。侏罗纪巨厚基岩下采煤时，由基岩引起的突水溃砂问题国内尚无研究。

1.3 主要研究目标和内容

1.3.1 研究目标

通过本课题的研究，掌握在现代化采煤工艺条件下软弱、膨胀性覆岩顶板破坏规律；提出基于钻孔信息的富水性评价方法；探索基岩突水溃砂评价预测技术；揭示弱富水、弱胶结软岩条件下基岩短时高强度携砂突水孕灾机理以及灾变条件，研究防控关键技术；探查宝塔山砂岩水文地质特征，研究疏水降压解危开采技术;基于水诱因的软岩劣化效应问题,提出具体控制措施。

1.3.2　研究内容

以鄂尔多斯盆地侏罗纪煤田上海庙矿区为例,结合弱富水软岩含水层水文地质特征及突水案例,围绕灾变预测、防治进行研究,主要内容包括:

(1)数据管理方法与拓展应用:与水有关的数据主要包括矿井涌(排)水量、含水层水位、水化学数据等,研究对这些数据管理的方法,给出数据管理模板,举例说明数据拓展应用可以解决的实践问题。

(2)由于《建筑物、水体、铁路及主要井巷煤柱留设与压煤开采规范》中提出的工作面开采冒落带和导水裂隙带发育高度计算公式主要适用于采厚小于或等于3 m的条件,且主要适用于我国东部矿区,是否适用西部侏罗纪煤田需要深入研究。基于岩石力学试验、含水层长期水文观测及孔内光纤探测等,研究侏罗纪煤田软岩覆岩采后移动破坏规律,提出"新上四带"观点。

(3)砂岩含水层富水性评价预测:基于"有砂岩就有水,出水必溃砂"的工程实践,研究控制富水性最关键的地质因素,提出富水性指数概念和数学模型;提出目标层段概念,指出富水性评价的本质是目标层段的富水性评价预测;研究目标层段确定方法及工作过程;提出在目标层段约束下,可以排除大量没有横向可比性的地质参数,简化富水性评价工作的难度,扩大技术方法在基层单位的普适性。

(4)"双图"评价技术:针对间接顶板涌(突)水危险性评价预测问题,提出突水危险性指数概念和数学模型,通过突水危险性指数判断突水通道;确定间接顶板含水层富水性评价的目标层段,绘制目标层段富水性平面规律;以富水性指数等值线图、突水危险性指数等值线图为评价工具,判断采掘活动是否会涌(突)水。

(5)研究离层突水机理:基于岩石物理力学测试、光纤应力探测、富水性评价等,研究离层水害的形成条件,指出煤层顶板基岩的任何层段上均可以形成离层空间,但只有位于导水裂隙带顶部附近的离层空间才同时具备汇水时间条件和突水通道条件。

(6)弱富水含水层短时高强度水-砂混合突涌特征与机理:以离层突水机理为基础,通过岩石水理性质试验、微观结构、矿物成分测试等,结合具体的水-砂混合突涌过程中含水层水位变化规律,再现工作面高强度顶板水害的动态演化过程,揭示水-砂混合突涌机理。

(7)研究基岩突水溃砂的孕灾机理与防治技术:以离层水害四要素为基础,进一步提出基岩突水溃砂的充要条件,提出疏干开采、预置导流管等防治技术措施。

（8）提出顶板水害评价预测方法：根据煤层与上方含水层空间组合关系以及含水层富水性特征，提出顶板水害评价预测方法——多类型"四双"工作法，提出详细的评价技术路线和评价准则。

（9）受水威胁煤层解危开采技术研究：侏罗纪煤田含煤岩系划分为上煤组、中煤组、下煤组，目前尚处于上煤组开采阶段，顶板水是主要研究对象。而中煤组及下煤组严重受下部宝塔山砂岩含水层威胁，研究宝塔山砂岩含水层水文地质特征，进行下煤组解危开采研究。

（10）劣化效应控制研究：对于侏罗纪膨胀性软岩劣化效应问题，岩石自身的力学条件和水理性质是内因，水则是外在的诱因。支护是控制劣化效应的基本手段，但单纯依靠支护材料革新和参数调整难以完全控制劣化效应，提出"大水防控、小水管理"的技术措施。

第2章　研究区概况与地质条件研究

2.1　概况

2.1.1　矿井设计

新上海一号煤矿隶属于内蒙古上海庙矿业有限责任公司,是上海庙能源化工基地及电厂的主力供煤矿井,位于内蒙古自治区鄂托克前旗境内,行政区划归属鄂托克前旗上海庙镇管辖。

矿井于 2008 年 5 月 21 日正式开工建设,工业资源储量为 484.84 Mt,设计资源储量为 452.46 Mt,可采储量为 345.14 Mt。矿井按 4.00 Mt/a 的规模设计,储量备用系数按 1.4 计算,服务年限为 61.6 年。全井田划分为两个开采水平、三个分区(图 2-1),一水平标高＋880 m,开采 5、8、15、16 煤;二水平标高＋730 m,开采 18、19、20、21 煤。矿井初期开采一水平的 5、8、15、16 煤,采用一次采全高综合机械化开采,全部垮落法管理工作面顶板。

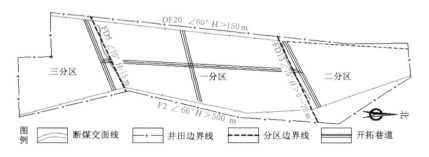

图 2-1　井田开拓布置图

2.1.2　位置与交通

新上海一号煤矿东距内蒙古自治区鄂托克前旗约 74 km,西距宁夏回族自治区银川市约 48 km。

根据原国土资源部"国土资划字〔2008〕78 号"文件对新上海一号煤矿矿区范围的批复,井田南北长约 12.5 km,东西宽 2.0～3.5 km,面积 26.604 3 km²。

地理坐标:东经 $106°40'30''\sim106°43'00''$,北纬 $38°16'30''\sim38°23'15''$。井田范围由 11 个拐点构成,拐点 6°带坐标见表 2-1。

表 2-1　新上海一号煤矿井田拐点坐标一览表

序号	x 坐标	y 坐标	序号	x 坐标	y 坐标
1	4 251 936.55	18 647 562.73	7	4 239 485.26	18 649 857.42
2	4 251 961.10	18 648 897.68	8	4 239 451.70	18 648 034.22
3	4 250 412.48	18 648 562.02	9	4 240 376.83	18 648 017.29
4	4 248 434.98	18 650 055.89	10	4 240 352.48	18 646 680.43
5	4 245 655.06	18 649 864.59	11	4 248 698.57	18 647 622.00
6	4 242 555.55	18 649 071.29			

(1)公路运输

鄂(托克前旗)—银(川)公路自东向西沿新上海一号煤矿井田南部边界横穿本区,可与银川—定边高速公路及包兰铁路相接;井田西部边界以外已经建成重载运煤公路,交通运输条件便利。

(2)铁路运输

太原—中卫—银川铁路从上海庙矿区南侧约 10 km 处的宁夏境内通过,在古窑子附近设有古窑子车站。东胜—乌海铁路从上海庙矿区北侧约 88 km 处的鄂托克旗境内通过,三北羊场车站距上海庙矿区较近。

上海庙矿区铁路专用线北接东乌铁路的三北羊场车站,经上海庙经济技术开发区后,交汇于太中银铁路上的古窑子车站。内蒙古三新铁路有限责任公司建设的三新铁路在上海一号煤矿铁路装车站与矿井装车线接轨。

2.1.3　地形地貌

井田位于毛乌素沙漠西北边缘,井田内多为沙丘、低缓丘陵、草滩戈壁,地形呈缓波状起伏,海拔 $+1\,298\sim+1\,325$ m,相对高差约 27 m,如图 2-2、图 2-3 所示。

2.1.4　水文气象

井田内地表径流不发育,无常年河流及溪沟;属西北内陆地区,半干旱、半沙漠大陆性气候,四季分明,降水稀少,蒸发量大,昼夜温差大;年降水量最大为 299.1 mm,多在 150 mm 以内,蒸发量 2 771 mm,降水集中在每年 6—9 月,最高气温 41.4 ℃(1953 年),最低气温 -28.0 ℃(1954 年);风季多集中在春秋两季,最大风力达 8 级,一般为 $4\sim5$ 级,多为北及西北风,春季沙尘暴天气出现频繁,尤以 3—5 月为甚;无霜期短,一般在 5 月中旬至 9 月底,冰冻期自每年 10 月至翌年 3 月下旬,最大冻土深度为 1.09 m(1968 年),一般为 $0.5\sim1.0$ m。

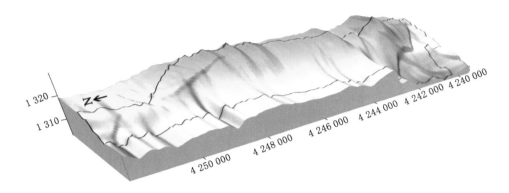

图 2-2　井田地形示意图

图 2-3　井田地貌

2.2　区域地质条件研究

2.2.1　区域地层

　　井田位于鄂尔多斯断块的西缘褶皱冲断带,区域褶皱及断裂发育,以断裂构造为主,地表及钻孔均未见岩浆岩,地层倾角平缓。区域范围内新生界地层广泛分布,厚度一般不超过 80 m。下伏基岩以中生界为主,本区中侏罗世中晚期地层上抬遭受冲刷剥蚀,没有沉积安定组、芬芳河组;晚三叠世后期也处于风化剥蚀阶段,缺失富县组地层;三叠纪晚三叠世延长组为煤系地层基底。

延安组为区域主要含煤地层,属河流-湖泊相沉积,含煤 13～29 层,可采及局部可采煤层 10～18 层,可采总厚一般在 20 m 左右。

鄂尔多斯盆地三叠纪晚期大面积沉陷,沉积了上三叠统的延长组陆相长石砂岩构造。印支运动使本区全部开始隆起,以褶皱作用为主,形成中、下侏罗系,普遍地不整合于三叠系地层之上。

侏罗纪开始,由于地壳下降,沉积范围扩大,剥蚀区缩小,气候温湿,大量植物衍生,形成聚煤条件,特别是延安组中段沉积时期,河流冲洪积平原及湖泊三角洲环境广泛出现,为煤层的形成与发育提供了良好条件,聚煤作用最为强烈。侏罗系直罗组沉积早期,河流广泛发育,以七里镇砂岩为代表的低弯河流相沉积遍布全区,后期则以湖相为主。

侏罗纪末期的燕山运动使本区发生褶皱,同时产生逆断层和横断层,由于升降运动,白垩系和侏罗系地层多呈不整合接触。

早白垩世阶段鄂尔多斯盆地又下降沉积,主要为河流相沉积,砾岩普遍发育。

2.2.2 区域构造

井田西侧外围的沙葱沟正断层和东侧外围的马柳逆断层是区域性大断层,对本区煤系地层及煤层赋存和展布起到控制作用。

沙葱沟断层为区域深大断裂,在井田西南侧的灵武东侧断层走向 N47°E,倾向 SE,倾角 70°,断距大于 1 500 m,下盘赋存石炭-二叠纪煤田,为横城矿区;上盘为侏罗纪煤田,属碎石井矿区,断层向 NE 延展,穿过明长城进入内蒙古自治区境内,断层走向折为近 SN 向,在井田西侧外围穿过,断层延展长度大于 40 km。

马柳断层为一级主干逆断层带,走向 NNE,倾向 W,倾角 50°～70°,断距大于 10 km,延展长度超过 60 km,控制了煤田的分布。

区域范围内呈现典型的逆冲推覆构造特征,构造线总体方向近 SN 向,断裂、褶皱相伴而生,断面东倾、向西逆冲的为主干断裂,如锁草台逆断层延展长度超过 20 km,垂直断距大于 500 m。

主干断裂东侧发育与之平行的次级逆断层,在剖面上构成 Y 形,中国煤田地质总局编写的《鄂尔多斯盆地聚煤规律及煤炭资源评价》中命名为"逆地垒"组合。总体分析,马柳井断裂属于本区推覆系统的前缘带。

2.2.3 区域水文地质条件

本井田地层由三叠系延长组,侏罗系延安组、直罗组及白垩系组成;单斜构造,地层东倾。地表为第四系风积砂,井田南侧外围 8 km 处的古长城南侧古河道中有河床相粉砂、黏土堆积物,地下水主要赋存于古河道砂、砾石、风积砂和三叠系砂岩、侏罗系砂岩、白垩系砾岩中。

区域地下水按含水层埋藏条件及水力性质不同,可划分为新生界孔隙水和基岩孔隙-裂隙水两种。

(1) 松散层类孔隙水:包括各种成因类型的新生界松散冲洪积及风积砂堆积物。冲洪积层一般分布于沟谷或洼地中,岩性以砂、砾石、卵石为主,含水层单一,风积砂分布较广,一般厚度 5～10 m,地形低洼处有地下潜水,除古河道地段水量较大外,其他地段水量均不大。

水位、水量随季节变化明显,主要由大气降水补给;除局部消耗于蒸发外排外,主要沿沟谷向古河道排泄。

(2) 碎屑岩类孔隙-裂隙水:为基岩孔隙-裂隙水,包括白垩系砂砾岩孔隙-裂隙水及侏罗系、三叠系砂岩孔隙-裂隙水。白垩系砾岩层、侏罗系直罗组底部砂岩段及三叠系的中粗粒砂岩与砂砾岩总厚度大,一般超过 50 m,岩性疏松,富水性较好,但富水性不均。

侏罗系延安组含煤地层岩性由不同粒级的砂岩、砂质泥岩、泥岩和煤层组成,区域上富水性差。

2.3　井田地质条件研究

2.3.1　井田地层

井田内钻孔揭露的地层主要有:三叠系延长组(T_3y),侏罗系延安组(J_2y)、直罗组(J_2z),白垩系志丹群(K_1zd),新近系(E)及第四系(Q),如图 2-4 所示。其中,含煤地层为侏罗系延安组,盖层为白垩系、第三系及第四系。

三叠系延长群为侏罗系含煤岩系的基底,由老至新分别为:

(1) 三叠系延长组(T_3y)

该组地层区域上连续分布,属大型内陆湖泊型碎屑岩沉积构造。钻孔揭露地层埋深 215.86～780.95 m,西浅东深,向东倾伏;钻孔最大揭露厚度497.10 m。

岩性以粉红色、黄绿色、灰绿色中粗粒砂岩为主,夹灰、深灰色粉砂岩及泥岩,具交错层理、波状层理等。

顶部为一古侵蚀面,上覆侏罗系延安组地层,两者呈假整合接触关系。

(2) 侏罗系(J)

总体为一套河流-湖泊-湖泊三角洲相碎屑岩沉积构造,主要发育中侏罗系地层、延安组和直罗组,其中延安组为煤系地层。

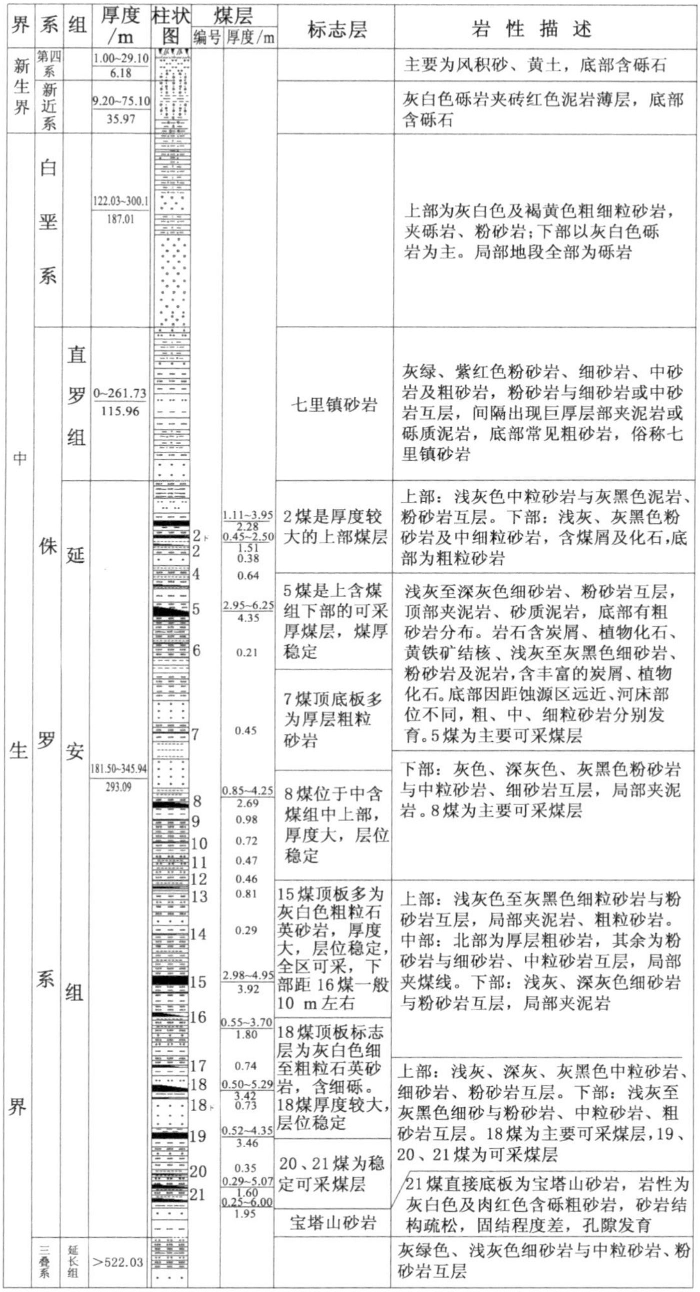

界	系	组	厚度/m	柱状图	煤层 编号	煤层 厚度/m	标 志 层	岩 性 描 述
新生界	第四系		1.00~29.10 / 6.18					主要为风积砂、黄土，底部含砾石
	新近系		9.20~75.10 / 35.97					灰白色砾岩夹砖红色泥岩薄层，底部含砾石
中生界	白垩系		122.03~300.1 / 187.01					上部为灰白色及褐黄色粗细粒砂岩，夹砾岩、粉砂岩；下部以灰白色砾岩为主。局部地段全部为砾岩
	侏罗系	直罗组	0~261.73 / 115.96				七里镇砂岩	灰绿、紫红色粉砂岩、细砂岩、中砂岩及粗粒砂岩，粉砂岩与细砂岩或中砂岩互层，间隔出现巨厚层部夹泥岩或砾质泥岩，底部常见粗砂岩，俗称七里镇砂岩
生界		延安组	181.50~345.94 / 293.09		2上	1.11~3.95 / 2.28	2煤是厚度较大的上部煤层	上部：浅灰色中粒砂岩与灰黑色泥岩、粉砂岩互层。下部：浅灰、灰黑色粉砂岩及中细粒砂岩，含煤屑及化石，底部为粗粒砂岩
					2下	0.45~2.50 / 1.51		
					4	0.38 / 0.64		
					5	2.95~6.25 / 4.35	5煤是上含煤组下部的可采厚煤层，煤厚稳定	浅灰至深灰色细砂岩、粉砂岩互层，顶部夹泥岩、砂质泥岩，底部有粗砂岩分布。岩石含炭屑、植物化石、黄铁矿结核。浅灰至灰黑色细砂岩、粉砂岩及泥岩，含丰富的炭屑、植物化石。底部因距蚀源区远近、河床部位不同，粗、中、细粒砂岩分别发育。5煤为主要可采煤层
					6	0.21		
					7	0.45	7煤顶底板多为厚层粗粒砂岩	
					8	0.85~4.25 / 2.69	8煤位于中含煤组中上部，厚度大，层位稳定	下部：灰色、深灰色、灰黑色砂岩与中粒砂岩、细砂岩互层，局部夹泥岩。8煤为主要可采煤层
					9	0.98		
					10	0.72		
					11	0.47		
					12	0.46		
					13	0.81		上部：浅灰色至灰黑色细粒砂岩与粉砂岩互层，局部夹泥岩、粗粒砂岩。中部：北部为厚层粗砂岩，其余为粉砂岩与细砂岩、中粒砂岩互层，局部夹煤线。下部：浅灰、深灰色细砂岩与粉砂岩互层，局部夹泥岩
					14	0.29	15煤顶板多为灰白色粗粒石英砂岩，厚度大，层位稳定，全区可采，下部距16煤一般10 m左右	
					15	2.98~4.95 / 3.92		
					16	0.55~3.70 / 1.80		
					17		18煤顶板标志层为灰白色细至粗粒石英砂岩，含细砾。18煤厚度较大，层位稳定	上部：浅灰、深灰、灰黑色中粒砂岩、细砂岩、粉砂岩互层。下部：浅灰至灰黑色细砂与粉砂岩、中粒砂岩、粗砂岩互层。18煤为主要可采煤层，19、20、21煤为可采煤层
					18上	0.50~5.29 / 3.42		
					18	0.73		
					19	0.52~4.35 / 3.46		
					20	0.35	20、21煤为稳定可采煤层	21煤直接底板为宝塔山砂岩，岩性为灰白色及肉红色含砾粗砂岩，砂岩结构疏松，固结程度差，孔隙发育
					21	0.29~5.07 / 1.60		
						0.25~6.00 / 1.95	宝塔山砂岩	
界	三叠系	延长组	>522.03					灰绿色、浅灰色细砂岩与中粒砂岩、粉砂岩互层

图 2-4 井田地层综合柱状图

① 延安组（J_2y）

延安组为区域含煤地层，岩性组合为灰、灰白色砂岩，灰黑、黑色粉砂岩，泥岩夹煤层、碳质泥岩。本组地层地表没有出露，基本连续分布，F2 断层以东受断层影响，地层断失；西部受剥蚀缺失中上部部分地层。根据完整揭露的钻孔资料统计，本组地层厚度 317.95～345.94 m，平均 332.09 m，总体西浅东深、西薄东厚。

上部为浅灰色、灰色泥质粉砂岩，富含植物化石，波状层理，产状平缓，近水平；局部表现为水平层理和斜层理、交错层理，见可采煤层 0～3 层，夹多层煤线、碳质泥岩和泥炭，岩石较为坚硬。

中部以灰色、灰黑色的细砂岩、粉砂岩、中粗砂岩为主，夹灰白色的泥质粉砂岩和薄层泥岩，岩石中多见菱铁矿结核，见可采煤层 1～7 层。

下部为褐色、褐黄色等杂色薄层泥岩、泥质粉砂岩，底部以灰白色的细至中粗粒砂岩（俗称宝塔山砂岩）与基底假整合接触，见可采煤层 3～5 层，波状、水平、交错层理，属河流-湖泊三角洲沉积。

底部以宝塔山砂岩为标志，顶部以直罗组灰白色、局部杂褐色砂砾岩（俗称七里镇砂岩）为标志。

② 直罗组（J_2z）

直罗组为含煤岩系的上覆地层，河湖相沉积，上部为灰色、浅紫色、灰白色的泥质粉砂岩、细砂岩、粉砂岩夹泥岩薄层。

中部为浅灰色、灰色、灰绿色的泥质粉砂岩夹泥岩薄层，波状、水平层理。

下部为砂岩、粉砂岩、砂质泥岩组成，颜色以灰绿、黄绿、蓝灰、灰褐色为特征。底部七里镇砂岩为一灰白色厚层状，局部杂褐色、黄色的粗粒石英长石砂岩，含石英成分的小砾石。大部分地区为延安组含煤地层的直接顶板。井田内钻孔揭露地层厚度 0.00～261.73 m，平均 103.88 m，总体西浅东深、西薄东厚。

与下伏延安组地层呈低角度不整合接触。

（3）白垩系志丹群（K_1zd）

地层厚度 122.03～300.10 m，平均 187.01 m，厚度较稳定，底界面形态平缓，与下伏直罗组地层呈低角度不整合接触。

上部为浅紫色、紫色、灰色、灰白色、灰绿色的泥质粉砂岩、泥岩，夹中粗砂岩、细砂岩、粉砂岩薄层，波状、交错层理。

下部为灰白色的砂砾岩，砾石成分主要为石英岩、砂岩，少量为花岗岩、灰岩及中基性岩。砾石直径 0.3～5 cm，次棱角状，泥质、钙质胶结，局部砾石周围黄铁矿富集，常见绿泥石化、高岭土化，有少量黑云母。

（4）新近系（E）

地层厚度 9.20～75.10 m,平均 35.53 m,主要为紫色、浅紫色的泥岩及半成岩。

（5）第四系（Q）

地层厚度 1.00～6.45 m,平均 2.40 m,由砂土、风积砂组成。

2.3.2　井田煤层

共分为三个煤组:5 煤及以上煤层为上煤组,6～16 煤为中煤组,17～21 煤为下煤组。

上煤组中 2、2下、5 等煤层虽达可采厚度,但大面积受到剥蚀,赋存面积小,不是主采煤层。

中煤组中 8、15 煤为主采煤层,16 煤局部可采。

下煤组中 17、18下 煤为局部可采煤层,分布规律性差,可采范围不连续,可采面积小,开采难度大,未计算其资源储量;18、19、20、21 煤为全区可采或大部分可采煤层,煤层分布规律明显,可采面积大。

以 8 煤、15 煤为例简要介绍如下。

8 煤:位于延安组中部,属中含煤组上部煤层,与上部 5 煤的间距为74.80～93.20 m,平均 78.45 m,煤层厚度 0.85～4.25 m,平均 2.69 m,如图 2-5 所示。

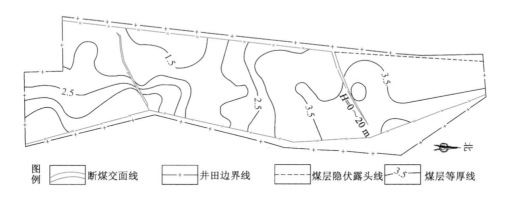

| 图例 | 断煤交面线 | 井田边界线 | 煤层隐伏露头线 | 煤层等厚线 |

图 2-5　8 煤等厚线图

煤层分布稳定,倾向东,倾角 4°～11°,为缓倾斜中厚煤层,总体西薄东厚、南部稍薄、向北变厚。煤层结构简单,一般不含夹矸,局部含夹矸 0～2 层,夹矸厚度 0.23～0.69 m,岩性为泥岩或泥质砂岩。煤层顶底板岩性主要为泥岩、泥质砂岩或粉砂岩,局部为细粒砂岩或中粒砂岩。

15煤:位于延安组中部,属中含煤组下部煤层,与上部的8煤间距为66.64~98.75 m,平均76.56 m,煤层厚度2.98~4.95 m,平均3.92 m,如图2-6所示。

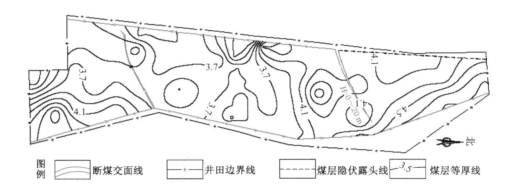

图 2-6　15煤等厚线图

煤层全区分布,分布稳定,层状,倾向东,倾角3°~10°,仅1901钻孔附近为29°,总体为缓倾斜厚煤层。煤层结构较简单,一般不含夹矸,局部含1层夹矸,夹矸厚度0.14~0.30 m,岩性为粉砂岩或泥岩,局部为碳质泥岩。

2.3.3　井田构造

本井田主体构造形态为一向东倾伏的单斜构造,1901钻孔附近岩层倾角大于20°,一般岩层倾角为3°~13°,除断层附近,基本无突然倾斜变化,断裂构造不甚发育。

(1)褶曲

井田内褶曲不发育,只有中北部呈现的轴近 EW 向有比较宽缓的褶曲存在,煤层底板等高线图表现不明显。

(2)断层

井田内共发现断层30条,DF6是普查阶段二维地震时的发现,F2′、FD19为勘探阶段二维地震时的发现,其余27条断层均为三维地震成果。除 DF20 和 F2 这两条逆断层落差较大外,其他断层落差都不大,断裂构造不甚发育,断裂构造比较简单。

本井田断层以 SN、NNE、NNW 及 NE 向断层为主,按性质不同井田内断层分类情况见表2-2,井田构造纲要图如图2-7所示。

表 2-2　新上海一号煤矿井田断层一览表

分类标准		断层名称
最大断距/m	$H \geqslant 100$	F2、DF20
	$20 \leqslant H < 100$	FD1、FD5、DF20′、FD13、FD19、DF6、F2′
	$10 \leqslant H < 20$	FD2、FD8、FD9、FD10、FD11、FD12、FD14
	$5 \leqslant H < 10$	FD3、FD6、FD13′、FD15、FD16、FD17、FD18、FD21、FD22、FD23、FD24、FD25、FD26
	$H < 5$	FD7
性质	逆断层	F2、DF20、DF20′
	正断层	FD1、FD2、FD3、FD5、FD6、FD7、FD8、FD9、FD10、FD11、FD12、FD13、FD13′、FD14、FD15、FD16、FD17、FD18、FD19、FD21、FD22、FD23、FD24、FD25、FD26、DF6、F2′

图 2-7　新上海一号煤矿井田构造纲要图

2.3.4　井田含水层

　　井田大地构造位置位于鄂尔多斯盆地西缘坳陷带的次级构造单元,地层岩石较软。

　　地下水主要赋存于新生界风积砂及基岩的砂岩中,按其含水层埋藏条件及水力性质不同,划分为新生界孔隙潜水(局部承压水)和基岩孔隙-裂隙水两种。

　　新生界孔隙潜水赋存于砂、砂砾石中,基岩孔隙-裂隙水赋存于白垩系、侏罗系及三叠系含水层中。地下水流向总体自东北流向西南。

　　(1)新生界松散含水层

新生界松散含水层在井田内广泛分布,含水层由第四系风积砂和新近系砂层及砾石组成,含水类型为孔隙潜水。据钻探揭露资料显示,井田内新生界含水层厚度为 1.5~73.3 m,平均 33.86 m,如图 2-8 所示。

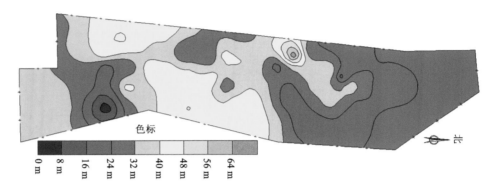

图 2-8　新生界含水层厚度等值线图

由于区内无地表水流,干旱少雨,地下水主要靠沙漠凝结水及雨季大气降水补给。井田北部地下水埋深 20~30 m,富水性弱,中部及南部地下水埋深 10~17 m,富水性较好。根据水井调查资料,井田中部和南部农灌井较多,井深一般 40 m 左右,抽水量 20~30 m³/h,降深不超过 5 m;抽水量 40~50 m³/h,降深不超过 10 m,可连续抽水,停抽后 3~5 min 水位基本恢复到位。水化学类型为 Cl-Na 型、Cl·SO₄-Na 型、Cl·SO₄-Na·Ca 型等,矿化度 579.34~1 984.81 mg/L,总硬度 194.28~755.17 mg/L,pH 值 7.80~11.21,水温 11~13 ℃。

（2）白垩系砾岩含水层

白垩系砾岩含水层下伏于新近系含水层下,层位较为稳定、连续,其底板埋深 189.17~287.70 m。地层岩性为浅紫、紫红色、黄绿色细砂岩、中砂岩、粗砂岩、砾岩、砂砾岩,间夹有泥岩、砂质泥岩,胶结物以钙质为主。含水层主要由白垩系底部的砾岩构成,砾岩厚度 1.7~135.5 m,平均 63.09 m,南部厚度最大,向北部依次减小,如图 2-9 所示。

根据含水层抽水试验成果（表 2-3）,白垩系水位标高为 +1 179.006~+1 278.26 m,渗透系数为 0.005 5~0.288 3 m/d,单位涌水量为 0.006 5~0.057 8 L/(s·m),富水性弱。

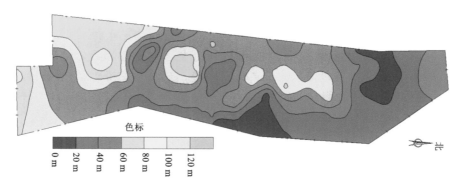

图 2-9　白垩系砾岩厚度等值线图

表 2-3　白垩系砾岩含水层抽水试验成果一览表

孔号	水位标高 /m	含水层厚度 /m	单位涌水量 /[L/(s·m)]	渗透系数 /(m/d)	富水性
B-3	1 234.27	70.40	0.006 5	0.008 8	弱
B-5	1 241.53	92.55	0.025 1	0.024 9	弱
B-9	1 179.01	90.66	0.006 7	0.005 5	弱
1202	1 273.20	19.70	0.057 8	0.288 3	弱
1604	1 278.26	21.87	0.055 2	0.263 7	弱
Z1	1 268.07	93.10	0.030 5	0.033 3	弱
Z8	1 248.84	112.65	0.018 8	0.016 1	弱
G1	1 232.44				

根据表 2-3 绘制白垩系砾岩水位标高等值线图,如图 2-10 所示。

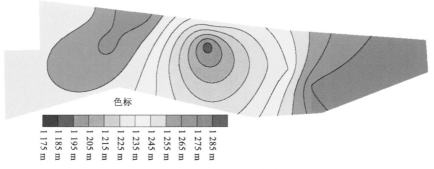

图 2-10　白垩系砾岩水位标高等值线图

（3）侏罗系直罗组砂岩含水层

直罗组砂岩含水层是延安组煤层顶板上直接或间接充水含水层,主要由浅灰、灰绿、青灰色厚层粗砂岩、中砂岩、细砂岩构成,底部七里镇砂岩呈灰白色、厚层状,局部为杂褐色、黄色的粗粒石英长石砂岩。与白垩系相比,泥岩及砂质泥岩的含量明显增多,部分地段裂隙被充填。含水层厚度为6.97～130.51 m,平均43.49 m,砂岩厚度变化较大,东南部最大,向北递减,如图2-11所示。

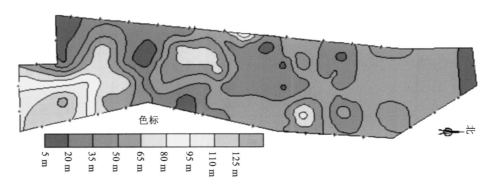

图 2-11　直罗组砂岩等厚线图

根据含水层抽水试验成果(表2-4),直罗组含水层水位标高＋1 171.287～＋1 255.7 m(Z1、Z3 和 Z10 的水位标高采用 2017 年 4 月 9 日的水位自动观测仪数据,其他钻孔采用抽水试验恢复静水位数据),渗透系数为 0.023 3～0.281 2 m/d,单位涌水量为 0.008 4～0.117 L/(s·m),富水性弱至中等。根据水位标高绘制直罗组含水层等水位线图,如图2-12所示。

表 2-4　直罗组含水层抽水试验成果一览表

孔号	水位标高 /m	含水层厚度 /m	单位涌水量 /[L/(s·m)]	渗透系数 /(m/d)	富水性
Z1	1 236.62	41.60	0.117 0	0.281 2	中等
Z2	1 255.70	43.07	0.011 2	0.027 7	弱
Z3	1 217.79	66.72	0.046 8	0.071 0	弱
Z5	1 188.56	52.15	0.026 2	0.053 0	弱
Z8	1 229.11	23.82	0.038 2	0.161 0	弱
Z10	1 233.83	55.88	0.062 8	0.109 3	弱
B-10	1 171.29	35.39	0.008 4	0.023 3	弱

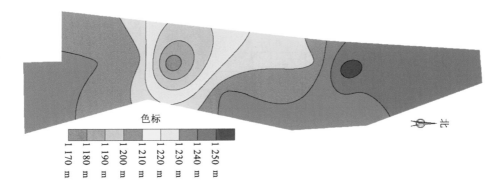

图 2-12　直罗组含水层等水位线图

（4）8 煤顶板砂岩含水层

8 煤直接充水含水层由中细砂岩构成，砂岩厚度 0～89.47 m，平均 24.86 m，东南部厚度最大，向西北方向变薄，如图 2-13 所示。8 煤隐伏露头线以西煤层遭剥蚀，含水层缺失。

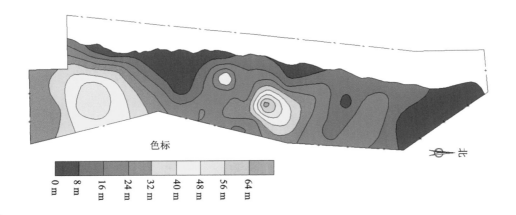

图 2-13　8 煤顶板砂岩等厚线图

根据含水层抽水试验成果（表 2-5），8 煤顶板的砂岩含水层水位标高 +1 212.5～+1 218.14 m，渗透系数为 0.003～0.186 5 m/d，单位涌水量为 0.000 7～0.002 6 L/（s·m），富水性弱。

表 2-5　延安组含水层抽水试验成果一览表

孔号	抽水层位	砂岩厚/m	水位标高/m	单位涌水量/[L/(s·m)]	渗透系数/(m/d)	富水性
2403	七里镇砂岩顶至 15 煤顶	52.22	1 275.39	0.008 5	0.015 8	弱
2403	下煤组砂岩	33.62	1 271.93	0.000 3	0.000 6	弱
1602	中煤组砂岩	45.42	1 274.00	0.008 8	0.018 9	弱
1602	下煤组砂岩	45.06	1 271.35	0.006 2	0.013 0	弱
1202	侏罗系砂岩	56.16	1 271.06	0.008 7	0.011 4	弱
Z4	8 煤风氧化带	17.77	1 212.50	0.000 7	0.003 0	弱
Z6	直罗组中下部至 8 煤顶	41.47	1 185.26	0.019 5	0.050 4	弱
Z7	8 煤风氧化带	1.53	1 218.14	0.002 6	0.186 5	弱
Z12	延安组顶至 15 煤顶	81.68	1 235.34	0.009 7	0.011 9	弱
Z13	延安组顶至 15 煤顶	73.79	1 151.81	0.003 4	0.003 6	弱
Z14	13 煤底至 15 煤顶	11.29	1 061.45	0.000 5	0.004 1	弱
Z16	8 煤顶底板	36.59	1 201.47	0.003 2	0.008 2	弱
B-1	15 煤顶底板	21.66	1 231.53	0.005 4	0.028 5	弱
B-13	15 煤顶底板	44.87	1 201.89	0.017 6	0.039 6	弱
B-35	15 煤顶底板	25.58	1 110.15	0.005 6	0.022 5	弱

（5）8 煤至 15 煤顶砂岩含水层

15 煤顶板直接充水含水层由中细砂岩构成，砂岩厚度 0～60.4 m，平均 22.26 m，砂岩厚度变化较大，中东部厚度较大，向西减小，如图 2-14 所示。

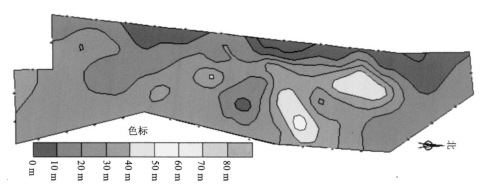

图 2-14　8 煤至 15 煤顶砂岩等厚线图

8 煤至 15 煤顶板层段没有做过抽水试验，水文地质特征参考 8 煤和 15 煤的混合抽水试验数据。含水层水位标高＋1 061.45～＋1 235.34 m，渗透系数为

0.003 6～0.011 9 m/d,单位涌水量为 0.000 5～0.009 7 L/(s•m),富水性弱。

（6）15 煤至 21 煤顶砂岩含水层

21 煤顶板直接充水含水层由中细砂岩构成,砂岩厚度 0.80～58.24 m,平均29.78 m,砂岩厚度变化较大,井田中部厚度较大,如图 2-15 所示。

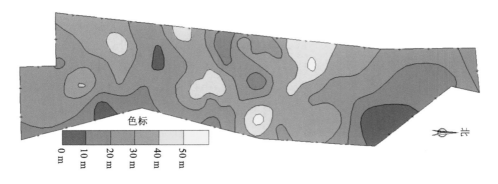

图 2-15　15 煤至 21 煤顶砂岩等厚线图

含水层水位标高＋1 271.35～＋1 271.93 m,渗透系数为 0.000 6～0.013 m/d,单位涌水量为 0.000 3～0.006 2 L/(s•m),富水性弱。

综上所述,21 煤以上延安组砂岩主要由中细砂岩构成,整体富水性弱。

（7）延安组宝塔山砂岩含水层

延安组宝塔山砂岩含水层位于 21 煤底板以下 0～29.55 m,平均距离为5.83 m。砂岩结构疏松,固结程度低,孔隙发育,含水层厚度 35.66～69.88 m,平均56.43 m,北部厚度较大,向东南依次减小,如图 2-16 所示。

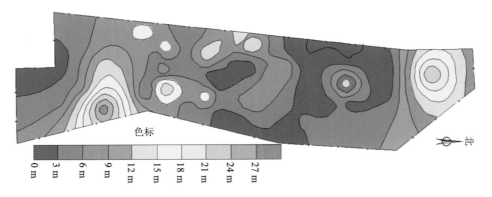

图 2-16　宝塔山砂岩到 21 煤距离等值线图

（8）三叠系延长组砂岩含水层

延长组为煤系地层的基底地层，B-4、B-6、B-8、B-36、B-47 钻孔揭露该段地层，含水层岩性以红褐色、灰褐色中粗粒砂岩为主。根据 B-36 孔的单孔抽水试验数据，水位标高为＋1 191.208 m，渗透系数为 0.022 6 m/d，单位涌水量为0.040 6 L/(s·m)，富水性弱。

依据 B-36 孔流量测井曲线并结合抽水试验资料综合分析，共有 4 个涌水层段，第一段在 481.00～485.65 m 之间（厚度 4.65 m，$Q=0.713$ L/s）；第二段在487.90～510.85 m 之间（厚度 22.95 m，$Q=0.221$ L/s）；第三段在 617.95～625.05 m 之间（厚度 7.10 m，$Q=0.460$ L/s）；第四段在 652.50～660.75 m 之间（厚度 8.25 m，$Q=0.124$ L/s），其他含水岩层程度不同地向外渗水。

2.3.5　井田隔水层

（1）新生界与白垩系间隔水层

新生界地层大多由风积砂及中细砂构成，与白垩系不整合接触。新近系底部局部发育有砂质黏土，与白垩系上部发育的砂质泥岩及泥岩构成相对隔水层。隔水层厚度 0～171.5 m，平均 43.79 m。井田东南和中部隔水层厚度较大（＞100 m），其他地段的隔水层厚度在 10～50 m 之间，如图 2-17 所示。隔水层发育不连续，新生界与白垩系发生水力联系。

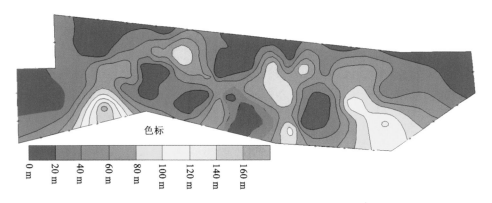

色标

0 m　20 m　40 m　60 m　80 m　100 m　120 m　140 m　160 m

图 2-17　新生界与白垩系隔水层厚度等值线图

（2）白垩系与侏罗系直罗组间隔水层

白垩系底部发育杂灰色砾岩、粗砾岩含水层，泥质或钙质胶结，底部没有隔水层，与下伏直罗组不整合接触。直罗组上部的泥岩、砂质泥岩及粉砂岩构成隔水层，隔水层厚度 0～91.6 m，平均 20.87 m。井田东南部隔水层厚度最大，北部厚度较小，大多数地段隔水层厚度在 5～50 m 之间，局部地段隔水层缺失，如

图 2-18 所示,白垩系与侏罗系直罗组含水层存在直接水力联系。

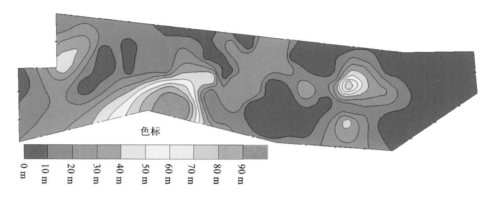

图 2-18　白垩系与侏罗系直罗组隔水层厚度等值线图

（3）侏罗系直罗组与延安组间隔水层

直罗组下部的七里镇砂岩普遍发育,不存在隔水层。延安组上部发育数层泥岩、砂质泥岩及粉砂岩,形成隔水层,隔水层厚度 0～115.64 m,平均 16.92 m。隔水层厚度不稳定,厚度一般不大于 30 m,2102,S6,X6 钻孔揭露厚度较大,局部缺失不连续,如图 2-19 所示,与延安组含水层存在直接水力联系。

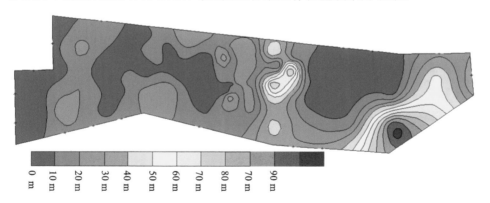

图 2-19　侏罗系直罗组与延安组隔水层厚度等值线图

（4）延安组内煤层间的隔水层

延安组内发育多层泥岩、砂质泥岩及粉砂岩,与延安组内砂岩含水层形成含、隔水层相间的组合。延安组内隔水层厚度较大,能较好地阻隔各含水层之间的水力联系,但由于煤层开采形成的导水裂隙带和矿压破坏带的影响,隔水作用降低。

2.3.6　地下水补、径、排条件

（1）新生界含水层

① 补给条件

本区地处西北内陆地区，位于毛乌素沙漠西北边缘，井田内多为沙丘、低缓丘陵、草滩戈壁，总体地形东北高、西南底、缓波状起伏，新生界孔隙含水层主要赋存于新生界砂层中，其主要补给来源是大气降水入渗及邻区潜水含水层中地下水的侧向径流补给。补给量的大小受地形条件及岩性组合的控制，风积砂结构松散，孔隙发育，渗透性强，地下水补给条件较好。

② 径流条件

潜水的径流方向受区域地形条件所控制，由地势较高处向地势较低处及周边谷地流动，大体由东北向西南方向径流。

③ 排泄条件

在井田地形的影响下，向井田西南方向河流水洞沟排泄，其次是入渗补给下伏基岩风化带裂隙水，地表蒸发、蒸腾及人工开采也是排泄方式之一。

（2）白垩系砾岩含水层

① 补给条件

白垩系砾岩含水层主要补给来源为上覆新生界含水层的入渗补给及含水层中地下水的侧向径流补给。根据钻孔揭露资料，新近系发育有砂质黏土，与白垩系上部发育的砂质泥岩及泥岩构成相对隔水层，隔水层厚度为 0～171.5 m，平均 43.79 m，隔水层发育不连续，部分地区存在缺失，大气降水补给新生界孔隙水后，部分地段对白垩系进行垂直入渗补给。

② 径流条件

在一般情况下，裂隙水的运动条件较为复杂，主要受岩性组合及地形条件控制，从地层组合上看，层次繁多，为含、隔水层相互叠置的组合结构，底部砾岩较为发育；从地形条件上看，地形总体为东北高、西南低，根据勘探钻孔抽水试验成果及白垩系长观孔水位资料，白垩系砾岩含水层水位标高在 +1 179.006～ +1 242.223 m（2016.05.17），总体东北高、西南低。上述条件决定了井田白垩系裂隙水的基本运动总体上由东北向西南方向径流。

③ 排泄条件

井田内孔隙-裂隙水排泄方式是以侧向径流为主，由东北向西南流出区外，补给下游邻区含水层中地下水。其次，人工凿井取水也是其排泄方式之一。

（3）侏罗系直罗组砂岩含水层

① 补给条件

侏罗系各时代裂隙含水层中地下水均以接受邻近裂隙水的侧向径流补给为主,其次是垂向上接受白垩系的入渗补给。白垩系底部没有隔水层,直罗组上部发育泥岩、砂质泥岩及粉砂岩构成两含水层之间的相对隔水层,隔水层厚度为0～91.6 m,平均 20.87 m,隔水层发育不稳定,南部厚、北部薄,在不存在隔水层的地段白垩系对直罗组含水层进行垂直入渗补给。

② 径流条件

受区域上构造形态及上下隔水层的制约,井田内直罗组水位为＋1 170.787～＋1 236.620 m(2016.05.17),总体东北高、西南低,直罗组砂岩地下水总体由东北向西南方向径流。

③ 排泄条件

侏罗系排泄方式主要为通过顺层径流向下游排泄,在未来矿井开采后,矿井排水也是其排泄方式之一。

（4）侏罗系延安组砂岩含水层

① 补给条件

侏罗系各时代裂隙含水层中地下水均以接受邻近裂隙水的侧向径流补给为主,其次是垂向上接受直罗组含水的入渗补给。直罗组底部没有隔水层,延安组上部发育泥岩、砂质泥岩及粉砂岩,构成两含水层之间的相对隔水层,隔水层厚度为 0～115.64 m,平均 16.92 m,隔水层发育不稳定,部分地段直罗组对延安组含水层进行垂直入渗补给。

② 径流条件

天然状态下,受区域上构造形态的制约,延安组煤系砂岩裂隙水顺层径流,径流方向为北西向南东。

矿井开采后,径流方向被改变,采空区上方水位最低,且有数据表明上下所有含水层之间局部存在相互补给关系。

③ 排泄条件

天然状态下,侏罗系砂岩裂隙水排泄方式主要为侧向径流,向下游排泄。矿井开采后,矿井排水将成为主要排泄方式。

2.3.7 小窑与老空水分布及积水情况

井田内无生产矿井及小(老)窑。

2.4 矿井充水因素研究

2.4.1 充水水源

（1）大气降水与地表水

区内未见威胁性地表水体分布,降水是区内地下水的主要补给来源。尽管经验公式计算的浅部煤层开采产生的导水裂隙带发育高度不会达到地面,但考虑到井田内构造条件复杂,在受构造破坏区段冒落带、导水裂隙带高度将大幅度增加,因此不排除局部顶板导水裂隙带直至地表的可能性,工作面采后对大气降水尤其是雨季形成的地表季节性冲沟、积水的防治工作必不可少。

（2）顶板水

① 8 煤顶板充水水源

8 煤顶板导水裂隙带发育高度为 15.79～56.1 m,8 煤导水裂隙带范围内的含水层厚度为 6.58～58.8 m,8 煤上距 5 煤 69.33～103.20 m,上距直罗组地层 3.18～153.17 m,距白垩系砂岩 74.75～415.13 m。井田西部导水裂隙带波及直罗组,其余地段未沟通上覆含水层。

综上分析,8 煤顶板直接充水水源为顶板延安组含水层及直罗组含水层,间接充水水源为白垩系孔隙-裂隙水、第四系孔隙水。

② 15 煤顶板充水水源

15 煤顶板导水裂隙带发育高度为 44.91～110.32 m,15 煤顶板导水裂隙带范围内的含水层厚度为 0.5～53.16 m,15 煤上距 8 煤 61.33～94.50 m,上距直罗组砂岩 3.41～222.57 m。西部导水裂隙带能够沟通至直罗组,其余地段未沟通上覆含水层。

因此,15 煤顶板直接充水水源为 15 煤导水裂隙带发育范围内延安组含水层及直罗组含水层,间接充水水源为白垩系孔隙-裂隙水、第四系孔隙水。

（3）底板水

15 煤底板标高为 +626.29～+989.15 m,18 煤底板标高为 +585.79～+947.10 m,宝塔山砂岩水位标高为 +1 180.10～+1 200.33 m,井田内 15、18 煤均位于宝塔山砂岩水位以下,属带压开采。

15 煤底板隔水层厚度一般为 56.49～122.83 m,突水系数为 0.038～0.122 MPa/m。18 煤底板隔水层厚度为 11.62～83.84 m,突水系数为 0.059～1.677 MPa/m。

（4）构造裂隙水

构造裂隙包括各种节理、岩层褶皱以及断裂破碎带等,既是主要储水富集带,也是导水通道。

井田内共发育正断层 27 条,落差大于 20 m 的共有 6 条,张性断层是潜在的导水通道。

井田东、西侧分布有 2 条大落差（$H > 150$ m）边界断层 F2 和 DF20,压扭性断层通常导水性较差,次生裂隙也是潜在的导水通道的一种。

（5）采空区水

根据矿方提供的资料，目前试生产工作面形成的老空区仅 5 个，其中开采煤层 5 煤有 2 个、8 煤有 3 个，除了 8 煤已回采完毕的 113082 工作面老空区面积较大外，其余工作面老空区面积相对较小，可积水空间有限。其中，111082 工作面积水量估算为 7 058 m³，113082 工作面积水量估算为 13 460 m³。

2.4.2　充水通道

（1）导水裂隙带

① 8 煤导水裂隙带

8 煤顶板岩性为砂质泥岩、中及粗粒砂岩、泥岩，平均单轴抗压强度为 5.9 MPa，属软弱岩层，个别地段属中硬岩层。按《建筑物、水体、铁路及主要井巷煤柱留设与压煤开采规范》中导水裂隙带、垮落带高度计算公式有：

$$H_{\mathrm{m}} = \frac{100 \sum M}{4.7 \sum M + 19} + 2.2 \tag{2-1}$$

$$H_{\mathrm{li}} = \frac{100 \sum M}{1.6 \sum M + 3.6} - 5.6 \tag{2-2}$$

式中　H_{m}——垮落带高度；

　　　H_{li}——导水裂隙带发育高度；

　　　$\sum M$——累计采厚。

8 煤导水裂隙带发育高度为 15.79～56.1 m，8 煤上距 5 煤 69.33～103.20 m，上距直罗组含水层 3.18～153.17 m，上距白垩系含水层 74.75～415.13 m。1102、1403、1502、1504、1702、1902、2102、2403、Z6、Z7、B-1、B-8、B-10、B-13 钻孔附近导水裂隙发育至直罗组含水层。

② 15 煤导水裂隙带

15 煤顶板岩性为灰色砂质泥岩、中及细粒砂岩、泥岩，近煤层基岩柱的平均单向抗压强度为 6.3 MPa，属软弱岩层，个别地段属中硬岩层。总体来说，15 煤顶板为软至中硬度岩层，按《建筑物、水体、铁路及主要井巷煤柱留设与压煤开采规范》中导水裂隙带、垮落带高度计算公式计算，导水裂隙带高度为 44.91～110.32 m，15 煤上距 8 煤 61.33～94.50 m，上距直罗组含水层 3.41～222.57 m，井田内 1302、1402、1602、1901、2202、2401、2604、S6、B-2 钻孔附近导水裂隙带发育至直罗组含水层，1304 钻孔附近发育至 8 煤。

（2）底板扰动带

矿山压力的扰动破坏作用使底板有效隔水层厚度变薄，有可能诱发构造突水或造成底板突水。断层附近矿压破坏带深度一般比正常岩层中增大 $0.5\sim1.0$ 倍。

底板扰动深度受开采深度、煤层倾角、煤层厚度、工作面斜长和开采工艺等控制。《建筑物、水体、铁路及主要井巷煤柱留设与压煤开采规范》中对底板扰动破坏带深度的计算公式为：

$$h_1 = 0.008\,5H + 0.166\,5\alpha + 0.107\,9L - 4.357\,9 \qquad (2-3)$$

式中　H——开采深度,本书选用各钻孔的统计资料;

　　　α——煤层倾角,<10°;

　　　L——工作面斜长,为 200 m。

计算得出 15 煤底板扰动破坏深度为 $20.00\sim23.11$ m。

15 煤底板隔水层厚度为 $56.49\sim122.83$ m,减去矿压扰动破坏带后,有效隔水层厚度为 $35.11\sim101.50$ m,正常地段承受的水压值为 $3.18\sim6.78$ MPa,突水系数为 $0.038\sim0.122$ MPa/m。

（3）构造裂隙

正断层是在局部或区域侧向拉伸力作用下,上盘相对向下移动、下盘相对向上移动而产生的断层,在张拉过程中,两盘之间通常被尖角状或棱角状大小不等的角砾岩石所充填,孔隙发育;断层两盘常伴有次生裂隙,形成断层的裂隙带,成为良好的储水空间和导水通道。

井田内共发现断层 30 条,除 DF20 和 F2 这两条逆断层落差较大外,其他断层落差都不大。为进一步了解 DF20 和 F2 断层是否对煤层开采有影响,利用勘探阶段 1803 孔对 DF20 断层进行抽水试验,抽水结果单位涌水量为 0.007 7 L/(s·m),富水性弱,证实断层对煤层开采影响不大。水文地质补勘施工钻孔 Z11 孔,对 F2′断层附近进行抽水试验,抽水试验结果单位涌水量为 0.367 9 L/(s·m),富水性中等。

（4）封闭不良钻孔

封闭不良钻孔是人为造成的点状垂向导水通道,容易引起突水事故。封闭不良钻孔在垂向上串通了多个含水层,一旦导水,不仅突水量大,而且有比较稳定的补给量。宝塔山砂岩水富水性强地段的钻孔应引起高度重视。

Z9 孔未封闭段位于白垩系砾岩含水层及直罗组含水层,富水性弱至中等,对矿井有一定的威胁,8 煤开采时应留出防水煤柱或对该孔进行启封工作。

2.4.3　矿井充水现状

从矿井涌水量（以旬为单位）历时曲线（图 2-20）看,矿井建设初期至投产,

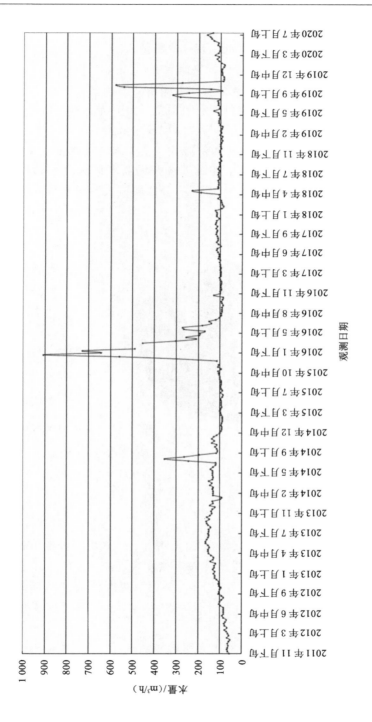

图 2-20　矿井涌水量历时曲线图

涌水量由 37.13 m³/h 逐渐增大到 103.2 m³/h，后期生产过程中矿井正常涌水量保持在 100 m³/h 左右，比较稳定。其间出现 4 次峰值：

（1）2014 年 7 月 28 日，111084 工作面突水。

（2）2015 年 11 月 25 日，一分区胶带暗斜井突水。

（3）2018 年 4 月 29 日，井下放水施工孔打通宝塔山砂岩含水层出水。

（4）2019 年 8—11 月，井下宝塔山砂岩含水层放水试验。

矿井水构成：井筒涌水量占矿井涌水量的 8%；111 采区涌水量占 5%；112 采区涌水量占 17%；113 采区涌水量占 20%；114 采区涌水量占 10%；115 采区涌水量占 14%；一分区暗斜井涌水量占 10%；一分区轨道大巷涌水量占 5%；其他区域涌水量占 10%，如图 2-21 所示。

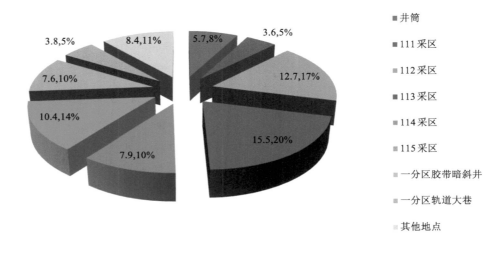

图 2-21　矿井涌水量构成

2.4.4　历年同期比较

正常情况下，矿井 24 h 内的涌水量在 24 h 内排出，矿井排水量可以代表矿井的涌水量。对历年同期排水量进行比较可以发现，除了 2014 年 7 月工作面突水、2015 年巷道底板突水以及 2018 年、2019 年两次放水试验期间排水量异常外，矿井涌水量总体保持稳定，如图 2-22 所示，且至少可以说明以下两点：

（1）矿井涌水量并没有随着采场的扩大而增加。

（2）矿井涌水量没有季节性变化，反映了矿井涌水量与大气降水之间没有相关性，不存在井上下水力联系。

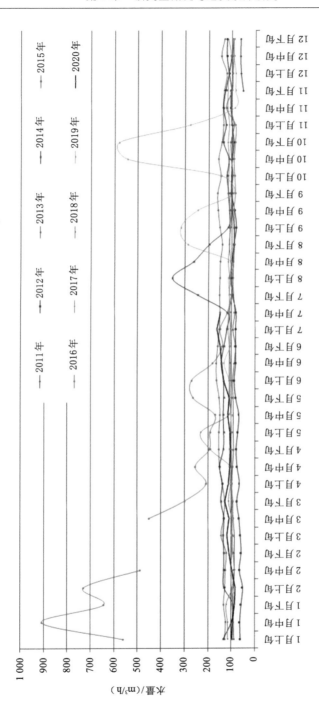

图 2-22　矿井涌水量历年同期比较

第3章 采后覆岩移动模型与探测

3.1 覆岩移动模型

3.1.1 "三带"模型

煤炭科学研究总院刘天泉院士等长期研究长壁法采煤工作面上覆岩层运动及破坏特征,根据岩层移动变形、破坏特点以及导水性能,将上覆岩层分为垮落带、裂隙带和弯曲下沉带,即《建筑物、水体、铁路及主要井巷煤柱留设与压煤开采规范》中的"上三带"。"上三带"理论模型是顶板水防治的理论基础,如图 3-1 所示。

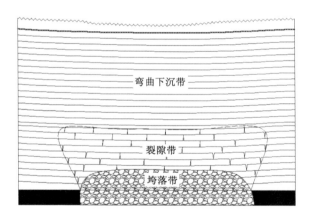

弯曲下沉带

裂隙带

垮落带

图 3-1 "三带"模型

3.1.2 "四带"模型

山东科学大学高延法教授利用钻孔向离层空间内注入各种浆液以减少地表下沉量,收到了较好的效果,基于注浆减沉工程实践,提出覆岩移动"四带"模型,即破裂带、离层带、弯曲下沉带和松散冲积层带,如图 3-2 所示。将"上三带"中垮落带、裂隙带合并为破裂带,岩体垮落或岩体内部的张裂均属于岩体破裂现象,故从岩体损伤角度讲是合理的;从物性角度看,弯曲下沉带上部地表松散砂层或土层称为松散冲积层带也是可以理解的。但弯曲下沉带下部可以产生离层裂隙,上段不可以产生离层裂隙的观点值得商榷。

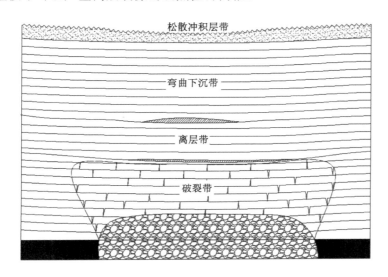

图 3-2　"四带"模型

3.1.3　"新四带"观点

采后覆岩垮落、岩体中产生垂向裂隙都是岩体破断的一种形式,离层现象的本质是一种顺层裂隙。

离层裂隙产生的根本原因是地层不协调、不同步下沉运动,这种不协调下沉运动主要又是由各层体分层物理力学性质决定的。地下采空后覆岩下沉运动最终会传递到地表,即从采空区上方所有地层都有一个下沉运动过程;无论是硬岩条件还是软岩条件下,岩体的各个分层之间总是存在着物理力学性质上的差异,决定着复合岩的下沉运动是一种非协调性运动,必然会在上硬下软的结构体内产生沿着层面发育的顺层裂隙,也称为离层裂隙,是一种扩容现象,因此离层裂隙不仅仅会在弯曲带的基岩下段产生,基岩上段内部也可以产生。

松散层内黏聚力较差,难以产生这种裂隙。这里笔者提出"新四带"理论模型——垮落带、裂隙带、离层带、松散层沉降带,强调覆岩内任何层段(不含松散冲积层带)内均可能产生离层裂隙。

垮落带内岩体破碎,裂隙带内切层裂隙发育,在其发育、发展过程中也会产生离层裂隙,但这种离层裂隙最终被切层裂隙切割,因而通常所说的导水裂隙带包括垮落带和裂隙带。

　　基岩离层带内产生的离层裂隙最终会在覆岩重压下趋于弥合,但不受垂向裂隙截切。上述三种模型对比如图 3-3 所示。

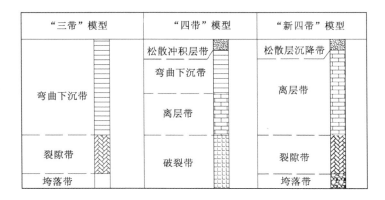

图 3-3　三种覆岩移动模型对比图

3.2　"新四带"观点实践基础

3.2.1　含水层水位与采煤关系

　　长期观测采煤对含水层水位的影响,可以发现如下一些规律。

　　通过观察 111082、111084、113082、113081 以及 114152、114151 工作面回采期间含水层水位变化规律,推断离层现象,如图 3-4 所示。

　　根据《建筑物、水体、铁路及主要井巷煤柱留设与压煤开采规范》提供的经验公式,计算上述工作面导水裂隙发育高度,以判断导水裂隙是否波及白垩系含水层。选择软弱岩适用公式计算导水裂隙带高度,判断导水裂隙是否波及直罗组(表 3-1)或白垩系含水层(表 3-2):

表 3-1　导水裂隙发育高度与直罗组含水层关系

工作面名称	观测孔至工作面距离/m	最大采高/m	到直罗组距离/m	导水裂隙高度/m	水文情况	判断结果
111082	420	3.7	32	26.5	正常回采	未波及
111084	220	3.4	18.6	25.9	突水	波及
113082	670	3.6	56	26.3	正常回采	未波及
113081	800	3.8	58	26.6	正常回采	未波及
114152	420	3.8	116.5	26.6	正常回采	未波及

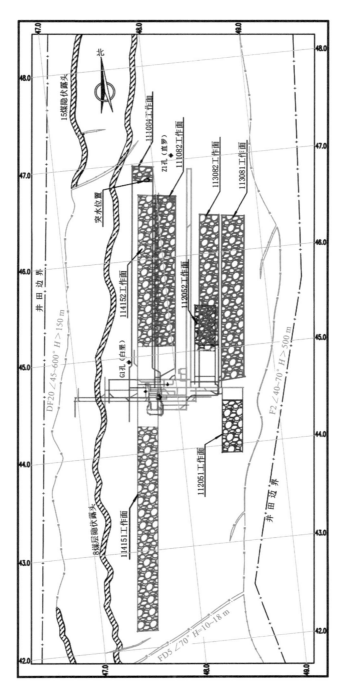

图 3-4　工作面与水文观测孔相对位置图

表 3-2　导水裂隙发育高度与白垩系含水层关系

工作面 名称	观测孔至工 作面距离/m	最大采高 /m	到白垩系 距离/m	导水裂隙 高度/m	水文情况	判断结果
111082	260	3.7	184	26.5	正常回采	未波及
111084	150	3.4	192	25.9	突水	未波及
113082	690	3.6	196	26.3	正常回采	未波及
113081	920	3.8	201	26.6	正常回采	未波及
114152	180	3.8	276	26.6	正常回采	未波及

$$H_{li} = \frac{100\sum M}{3.1\sum M + 5.0} \pm 4.0 \qquad (3\text{-}1)$$

式中　$\sum M$——累计采厚，m。

由表 3-1 可以看出，111084 工作面导水裂隙能够波及直罗组含水层，该工作面回采过程中直罗组含水层突水。其他工作面的导水裂隙均波及不到直罗组含水层。Z1 孔是直罗组（七里镇砂岩）含水层观测孔，图 3-5 所示为 Z1 孔水位历时曲线，从中可以看出无论导水裂隙是否波及直罗组含水层，工作面回采期间 Z1 孔水位均发生有规律的变化：先下降、后回升。111084 工作面在突水结束前后水位先快速下降、后快速回升；其他工作面均表现为先快速下降、后缓慢回升。

由 111082、113082、113081、114152 工作面回采期间直罗组水位变化规律，可以推断在低位基岩内产生过离层裂隙。

由表 3-2 可以看出，上述所有工作面的导水裂隙均波及不到白垩系砾岩含水层，111084 工作面回采过程中发生了突水溃砂事故。其他工作面的导水裂隙均波及不到直罗组含水层，回采过程中也没有突水现象。G1 孔是白垩系砾岩含水层观测孔，图 3-6 所示为 G1 孔水位历时曲线，从中可以看出所有工作面回采期间 G1 孔水位均发生有规律的变化：先下降、后回升。与直罗组水位变化规律的区别在于，各工作面回采对含水层影响均是先快速下降、后缓慢回升。

由此推断，在高位基岩内产生了离层裂隙。离层空间的出现，吸收了大范围内的砂岩孔隙-裂隙水，含水层厚度越小则水位影响范围越大。离层的发育、发展是一个动态演化过程，覆岩下沉逐步使离层空间受到压缩，汇集在离层空间内的自由水体在挤压作用下最终回到砂岩层内。此外，远处砂岩孔隙-裂隙水会渗透持续补给，这两方面原因促使水位缓慢回升。这个过程是缓慢的，表现为水位缓慢回升并趋近于原始水位。

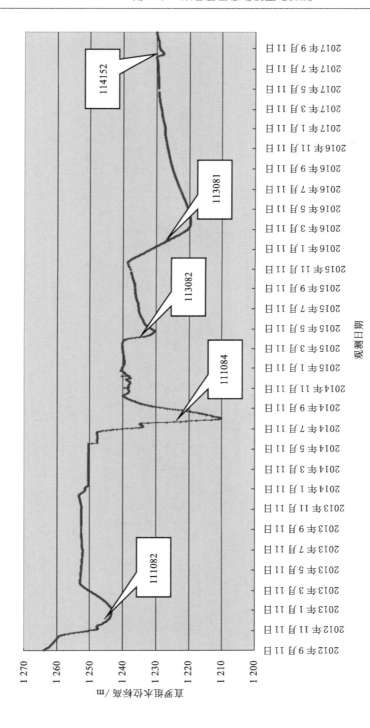

图 3-5　Z1孔水位历时曲线

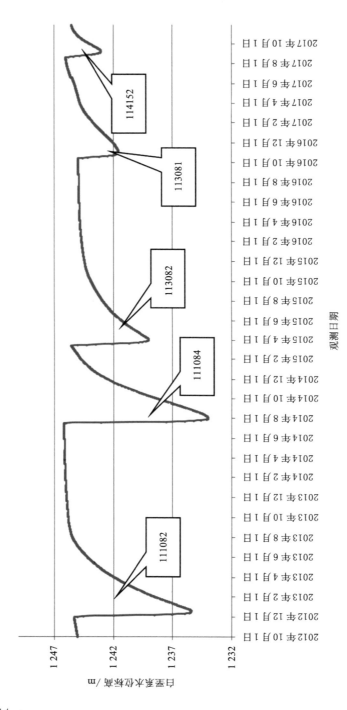

图 3-6　G1 孔水位历时曲线

可见,覆岩下沉是绝对的,覆岩(基岩)的任何层段上都可能产生离层裂隙。

3.2.2　地表下沉量观测

上述 5 个采煤工作面回采前均在地面布设了岩移观测站,包括 1 条纵向测线、3 条横向测线。5 个工作面非连续分布,宽深比 $D_1/H_0 < 1.2$,为非充分采动状态;数据观测从回采前持续到回采后约 180 天。测得各工作面最大下沉量和最大下沉速度,其中 111084 工作面停采前仅推进了 141 m,开采面积仅为 28 200 m^2,观测数据不参与计算;其余 4 个工作面平均采高 3.45 m,平均最大下沉量 2 602 mm,平均下沉系数 0.754,见表 3-3。

表 3-3　地面岩移观测数据

工作面名称	采高/m	最大下沉量/mm	最大下沉速度/(mm/d)	下沉系数
111082	3.4	2 574	14.27	0.757
113082	3.3	2 489	14.34	0.754
114152	3.6	2 712	12.81	0.753
114151	3.5	2 632	12.65	0.752
平均	3.45	2 602	13.53	0.754

从理论上讲,地表下沉量应该符合空间守恒关系,即地表下沉量与采高相等。试验表明,西部弱胶结岩石残余碎胀系数为 1.06~1.15,采动状态下垮落带内岩体为非充分破碎,本书选用 1.10;岩体碎胀最终受限于采出空间大小,以采出空间为碎胀前的体积,则地表稳沉后由于残余碎胀性可以消化的采高为 3 450×0.10＝345.0(mm),地表下沉可以消化的采高为 3 450×75.41％＝2 602(mm),仍有 503 mm 的差值,这 503 mm 的高差则被离层裂隙和岩体应变膨胀共同消化。

由此可见,离层裂隙虽然会随时间推移而趋于闭合,但最终无法实现真正的闭合。

3.2.3　差值运动分量现象

笔者及团队成员曾在山东济宁矿区、江苏徐州矿区、内蒙古上海庙矿区等观察近百个采煤工作面顶板淋水情况(顶板淋水情况统计见表 3-4)。统计结果表明,工作面正常回采过程中,顶板淋水现象多发生在下端头,当工作面生产不正常推进速度较慢时,顶板淋水范围从下端头向上部扩大。

表 3-4   东部矿区采煤工作面顶板淋水情况统计表

矿区	推进速度≥6 m/d	4 m≤推进速度<6 m	推进速度<4 m
济宁矿区	工作面下端头淋水 27%	工作面下端头淋水 38%	工作面下端头淋水 38%
	工作面中下部淋水 12%	工作面中下部淋水 23%	工作面中下部淋水 23%
	工作面中上部淋水 0%	工作面中上部淋水 5%	工作面中上部淋水 5%
徐州矿区	工作面下端头淋水 21%	工作面下端头淋水 34%	工作面下端头淋水 41%
	工作面中下部淋水 9%	工作面中下部淋水 19%	工作面中下部淋水 37%
	工作面中上部淋水 0%	工作面中上部淋水 6%	工作面中上部淋水 9%

此现象可以用差值运动分量理论解释,水质点从煤层顶板上方向下移动进入采场前,该移动方向可分解成垂直于地层层理和沿地层层理两个方向的运动,同等时间内沿地层层理方向运动总是垂直于地层层理方向。

设上部水质点在同等时间内沿顺层层理方向运动距离为 S_1,垂直于地层层理方向运动距离为 S_2,则得到以下关系式:

$$S_1 = v_1 \times t \tag{3-2}$$

$$S_2 = v_2 \times t \tag{3-3}$$

$$S_1 > S_2 \tag{3-4}$$

式中 S_1——沿顺层层理方向运动距离,m;

S_2——垂直于地层层理方向运动距离,m;

v_1——沿顺层层理方向运动速度,m/d;

v_2——垂直于地层层理方向运动速度,m/d。

这说明沿地层层理方向产生了顺层裂隙,同时产生了穿层裂隙,证明了离层现象的存在,如图 3-7 所示。

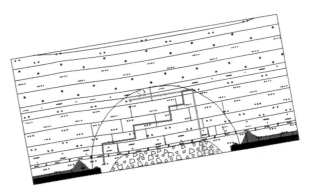

图 3-7   差值运动分量模型

3.3　光纤探测

3.3.1　技术简介

　　光纤感测技术是 20 世纪 80 年代伴随着光导纤维及光纤通信技术的发展而迅速发展起来的一种以光为载体,以光纤为媒介,感知和传输外界信号(被测量)的新型感测技术。其中,分布式光纤感测技术是最具前途的技术之一,它是在光时域反射(OTDR)技术的基础上发展起来的。它应用光纤几何上的一维特性,把被测参量作为光纤位置长度的函数,可以在整个光纤长度上对沿光纤几何路径分布的外部物理参量进行连续的测量,同时获取被测物理参量的空间分布状态和随时间变化的信息。

　　在分布式光纤感测技术中,准分布的光纤传感器可以通过光纤串联起来,采用波分复用等技术可实现准分布监测;而全分布的光纤感测技术不需要任何传感探头,价格很低廉的普通通信光纤就可以作为传感光纤。光纤既是传感介质,又是传输通道,具有体积小、重量轻、几何形状适应性强、抗电磁干扰、电绝缘性好、化学稳定性好以及频带宽、灵敏度高、易于实现远距离监测等诸多优点,因此,光纤十分适合用于分布式监测中的传感介质。图 3-8 给出了点式、准分布式和全分布式三种监测方式示意图。

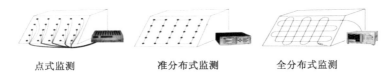

点式监测　　　　　　准分布式监测　　　　　　全分布式监测

图 3-8　监测方式示意图

　　由于分布式光纤感测技术的诸多优点,它已成为实现分布式监测的主要技术手段。分布式光纤传感技术主要有:布里渊散射光时域反射测量技术(简称 BOTDR)、布里渊光时域分析测量技术(简称 BOTDA)和拉曼散射光时域反射测量技术(简称 ROTDR)等。BOTDR 和 BOTDA 主要用于光纤应变和温度的量测,ROTDR 主要用于光纤温度的量测。目前,国际上分布式光纤感测技术除了应用于通信领域中通信光纤光损及断点的检测和监测外,一些主要的发达国家正在投入大量的人力和物力拓展其应用领域,已开始应用在国防、基础工程、工业设施、航空、土木等领域工程结构的健康监测和诊断中,已成为国际间竞相研究的热点课题。

　　分布式光纤监测技术可以弥补常用的检测和监测技术的不足,可以获得被测量在空间和时间上的连续分布信息。采动覆岩变形的分布式监测就是在煤层的覆岩中植入线性感测元件,利用相关的调制解调技术连续监测煤层覆岩中的应力应变信息。当煤层发生任何变形时,传感光缆能感知它们的分布和大小,从而获得煤层覆岩的变形规律。这种监测方法的突出优点就是改变了传统的点式监测方式,弥补了点式监测的不足,实现了实时、长距离和分布式的监测目标。

3.3.2　设备仪器

BOTDR 光纤应变/温度测量仪 1 台(图 3-9);本安电源转换器 1 台;孔中光纤信号专用金属基锁状应变感测光缆 5 套,线缆总长 430 m(图 3-10);孔外光纤信号单模应变感测延长线 1 套,线缆总长 960 m。

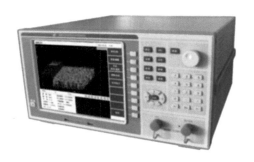

图 3-9　BOTDR 光纤应变/温度测量仪

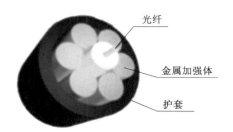

图 3-10　金属基锁状应变感测光缆

3.3.3　施工方法

在 114152 工作面的上方施工竖直钻孔一个(LD1 孔),在 15 煤顶板上方 10 m 处终孔,孔深 475 m,如图 3-11 所示。

采取煤层顶板 80 m 范围内岩芯样做力学试验,以获取 FLAC 3D 数值模拟所需各种岩性和力学参数。钻孔结构:一开,0.00~30.00 m,ϕ345 mm 孔径,下入 ϕ273 mm 螺纹钢管 30.50 m,高出地表 0.50 m;二开,30.00~475 m,ϕ152 mm 孔径,裸孔。完成常规测井 472.05 m,采集岩样 32 组。在钻孔中埋设

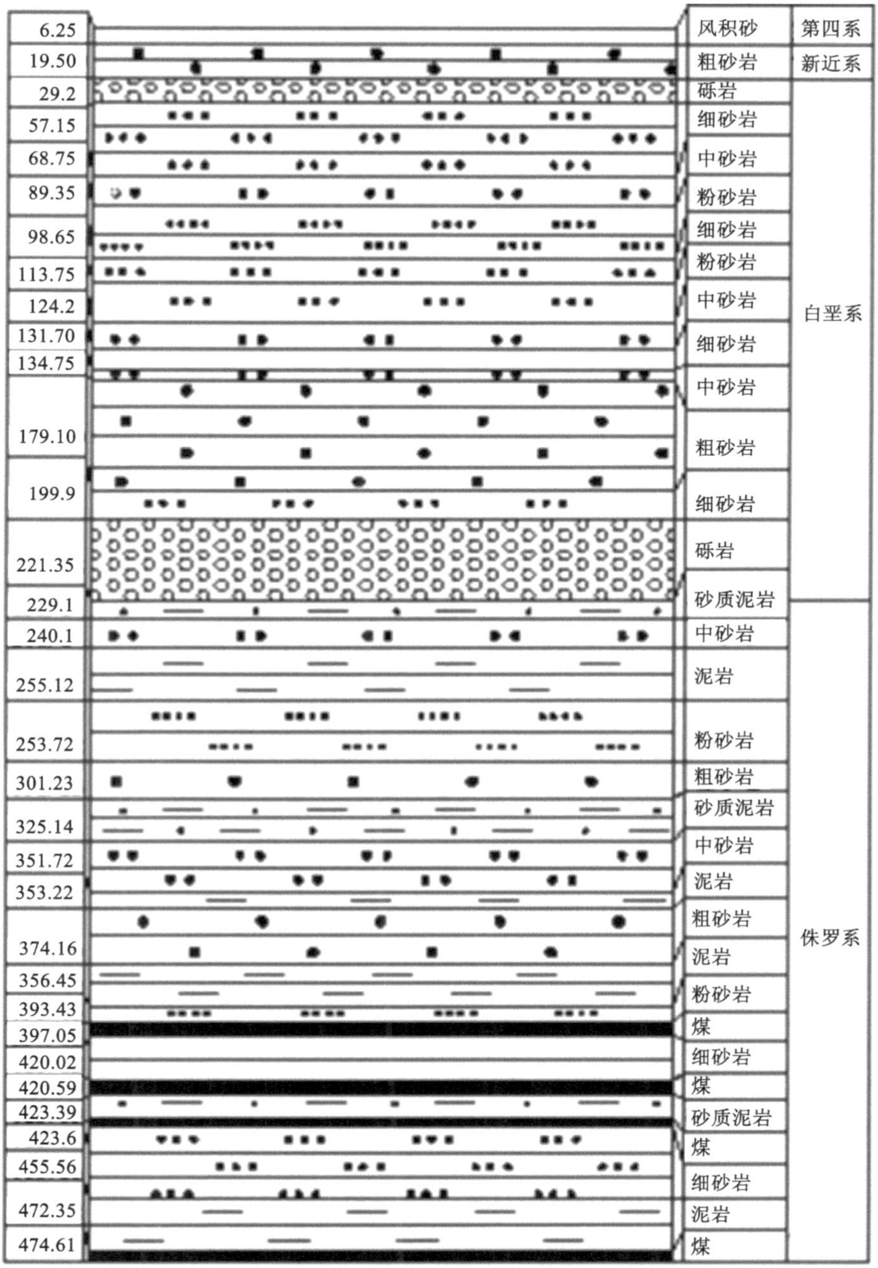

6.25	风积砂	第四系
19.50	粗砂岩	新近系
29.2	砾岩	
57.15	细砂岩	
68.75	中砂岩	
89.35	粉砂岩	
98.65	细砂岩	
113.75	粉砂岩	
124.2	中砂岩	白垩系
131.70	细砂岩	
134.75		
	中砂岩	
179.10	粗砂岩	
199.9	细砂岩	
221.35	砾岩	
229.1	砂质泥岩	
240.1	中砂岩	
255.12	泥岩	
253.72	粉砂岩	
301.23	粗砂岩	
325.14	砂质泥岩	
351.72	中砂岩	
353.22	泥岩	
	粗砂岩	侏罗系
374.16	泥岩	
356.45	粉砂岩	
393.43	煤	
397.05	细砂岩	
420.02	煤	
420.59	砂质泥岩	
423.39		
423.6	煤	
455.56	细砂岩	
472.35	泥岩	
474.61	煤	

图 3-11　LD1 钻孔地层柱状图

一套光纤传感器综合测试系统,包括金属基锁状应变感测光缆(ϕ5 mm)、定点式应变感测光缆、GFRP 传感光缆(ϕ3.5 mm/5.8 mm);在钻孔中埋设一套电法线缆(ϕ10 mm),见表 3-5。

表 3-5　现场监测钻孔实际参数

施工断面	布置情况	钻孔参数				钻孔控制范围/m
		天顶角	方位	孔径/mm	孔深/m	
114152 工作面	电法线 2 条	0°	与巷道夹角90°	91	475	控制垂高 467
	光纤线 4 条					

将多股电缆形成一整根线缆组,外用宽胶带缠绕,形成初步保护,钻孔形成后进行清洗,保证线缆下入的顺畅,对线缆组配重后下入钻孔,结合钻孔孔深控制线缆长度。图 3-12 所示为钻孔安装现场。

图 3-12　钻孔安装现场

结合钻孔揭露的地层岩性条件,对全孔进行不同配比水泥浆封闭,并在地面设置固定测试电缆装置,便于进行数据采集。其中,水泥封孔时考虑减少钻具对光缆的扰动影响,要求将封孔钻杆下至孔底,下钻过程中保持轻放轻提,避免钻具下入过程中对线缆的破坏;地面按封孔要求分批配备封孔材料,以保证封孔时序要求,水泥材料满足技术要求;边轻提钻具边注浆,使得泥浆完全置换,全孔封闭,保证封孔质量;封孔完成后保护好孔口电缆。为保证长期观测效果,考虑采用挖沟埋置线缆的方式,并注意考虑地表变形后的数据采集。设置水泥台固定孔口测试装置;做好地表测量标示点,保证岩层移动观测数据对比。

3.3.4 数据采集

监测钻孔相关测试系统布设时,将仪器监控站设置在孔口处,测试过程中对测试电缆及延长线进行全线的有效保护。现场光纤、电极测试系统安装完成后首先对测线进行测试,检测数据采集质量,为后期监测数据采集提供有效的参考。

数据采集从距离钻孔位置 177 m 时开始,直至工作面推过钻孔 206 m 时止,历时 45 天,采用首次采集数据作为数据初值,靠近钻孔加密数据采集频次,共采集光纤数据 46 组(表 3-6)。监测过程及现场照片如图 3-13、图 3-14 所示。

表 3-6 数据采集相对位置

采集序号	时间	推进位置/m	推进距离/m	距离钻孔/m	采集序号	时间	推进位置/m	推进距离/m	距离钻孔/m
BJ	2017/9/30	423	0	177	C23	2017/10/23	641.5	5.4	−41.5
C1	2017/10/1	431.5	8.5	168.5	C24	2017/10/24	652	10.5	−52
C2	2017/10/2	439.5	8	160.5	C25	2017/10/25	660	8	−60
C3	2017/10/3	446	6.5	154	C26	2017/10/26	668	8	−68
C4	2017/10/4	452.5	6.5	147.5	C27	2017/10/27	674.7	6.7	−74.7
C5	2017/10/5	463	10.5	137	C28	2017/10/28	681.5	6.8	−81.5
C6	2017/10/6	473.3	10.3	126.7	C29	2017/10/29	690.2	8.7	−90.5
C7	2017/10/7	477.5	4.2	122.5	C30	2017/10/30	697.5	7.3	−97.5
C8	2017/10/8	484	6.5	116	C31	2017/10/31	705	5.5	−105
C9	2017/10/9	491	7	109	C32	2017/11/1	714.5	9.5	−114.5
C10	2017/10/10	503	12	97	C33	2017/11/2	724	9.5	−124
C11	2017/10/11	515	12	85	C34	2017/11/3	733.5	9.5	−133.5
C12	2017/10/12	526	11	74	C35	2017/11/4	733.5	0	−133.5
C13	2017/10/13	535	9	65	C36	2017/11/5	741.5	8	−141.5
C14	2017/10/14	547	12	53	C37	2017/11/6	745.2	3.7	−145.2
C15	2017/10/15	566.1	19.1	33.9	C38	2017/11/7	753.2	8	−153.2
C16	2017/10/16	580.6	14.5	19.4	C39	2017/11/8	762	8.8	−162
C17	2017/10/17	593.8	13.2	6.2	C40	2017/11/9	771.6	5.6	−171.6
C18	2017/10/18	601	7.2	−1	C41	2017/11/10	778	6.4	−178
C19	2017/10/19	606.6	5.6	−6.6	C42	2017/11/11	783.6	5.6	−183.6
C20	2017/10/20	617.8	11.2	−17.8	C43	2017/11/12	790	6.4	−190
C21	2017/10/21	627.3	9.5	−27.3	C44	2017/11/13	797	7	−197
C22	2017/10/22	636.1	8.8	−36.1	C45	2017/11/14	806	9	−206

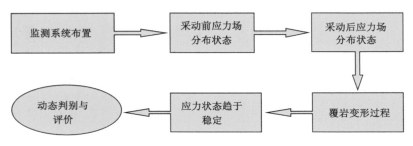

图 3-13　监测过程

图 3-14　动态监测过程及现场照片

3.3.5　数据处理

现场应用之前对传感光缆的相关参数进行标定,主要包括温度系数的标定和应变系数的标定两个部分。

将一段长度远大于空间分辨率的光缆自由放置于水浴槽中,对光缆进行加热,测定光纤的布里渊频率漂移量与温度的比例关系,即布里渊频移-温度系数。本项目使用的钢绳护套传感光缆的标定系数为 1.775 MHz/℃,如图 3-15 所示。同样测试所得定点传感光缆的温度系数为 1.062 MHz/℃。

标定结束后,采集的光纤数据信号用的是函数离散静态小波变换,分解可以得到较为精准的平滑数据。

应变差值计算以背景数据之后时间所采集数据与数据初值计算得到差值。得到相对应变值后,通过对应变分布特征及其变化规律的分析,与钻孔所穿过地层的岩性及结构进行对比与研究,进而对工作面回采过程中底板变形与破坏程度进行判定与评价。

以 1 号传感光缆为例,1 号感光缆实际安装长度为 465.4 m,控制垂深为465.4 m。

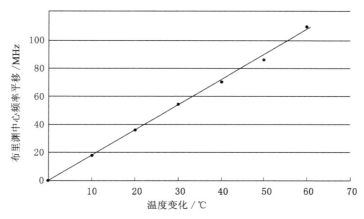

图 3-15　钢绳护套传感光缆的温度系数标定曲线

当工作面距离监测钻孔 168.5 m 以前,孔内各点应力作为背景值,相对为零,如图 3-16 所示。

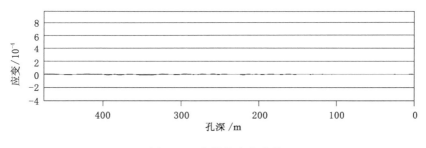

图 3-16　背景值应力曲线

当工作面距离监测钻孔 147.5 m 时,工作面超前应力已经影响到应力传感器;在工作面距离监测钻孔 147.5～70 m 期间,孔内中上部出现拉应力,且随着工作面向监测钻孔靠近,拉应力值逐渐增加,拉应力范围逐渐扩大;中下部则以压应力为主,且随着工作面向监测钻孔靠近,压应力值逐渐增加,压应力范围逐渐扩大,总体上压应力较拉应力小,如图 3-17～图 3-19 所示。

当工作面距离监测钻孔 70 m 直到采过钻孔 30 m 期间,岩层内部应力和形变达到光缆所能承受的极限拉力,先后发生 5 次破断,如图 3-20～图 3-25 所示。

当工作面推过钻孔 30 m 以后,孔内应力状态趋于稳定,如图 3-26～图 3-29 所示。

当工作面距离监测钻孔 65 m 以前,低位覆岩内以压应力为主,高位覆岩内则以拉应力为主。

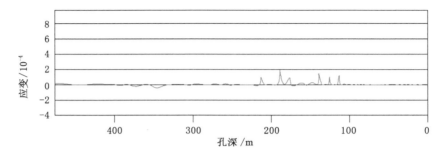

图 3-17　工作面距离监测钻孔 126.5 m 时孔内应力曲线

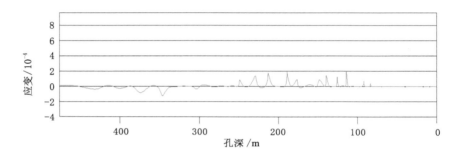

图 3-18　工作面距离监测钻孔 97 m 时孔内应力曲线

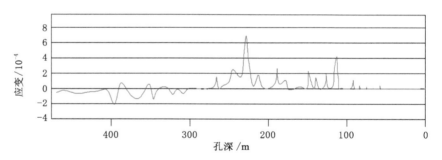

图 3-19　工作面距离监测钻孔 74 m 时孔内应力曲线

　　当工作面距离监测钻孔 65 m 时,孔深 263 m(煤层顶板上方 202.4 m)处第 1 次破断。工作面推进至距离监测钻孔 53 m 时,孔深 222 m(煤层顶板上方 243.4 m)处第 2 次破断。工作面推进至距离监测钻孔 33.9 m 时,孔深 179.1 m (煤层顶板上方 286.3 m)处第 3 次破断。工作面推进至距离监测钻孔 19.4 m 时,孔深 118 m(煤层顶板上方 347.4 m)处第 4 次破断。工作面推过监测钻孔 27.3 m 时,孔深 44 m(煤层顶板上方 421.4 m)处第 5 次破断。

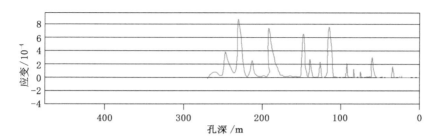

图 3-20 工作面距离监测钻孔 65 m 时孔内应力曲线

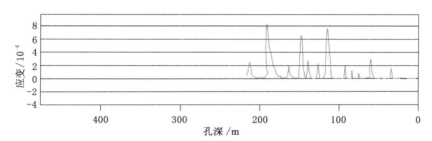

图 3-21 工作面距离监测钻孔 53 m 时孔内应力曲线

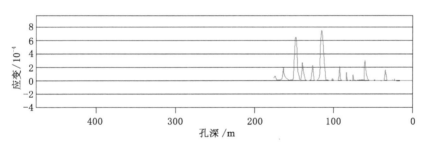

图 3-22 工作面距离监测钻孔 33.9 m 时孔内应力曲线

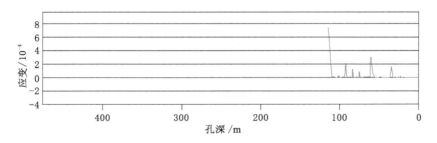

图 3-23 工作面距离监测钻孔 19.4 m 时孔内应力曲线

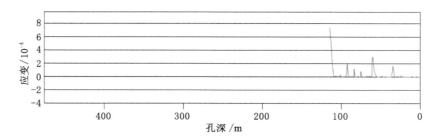

图 3-24　工作面距离监测钻孔 6.2 m 时孔内应力曲线

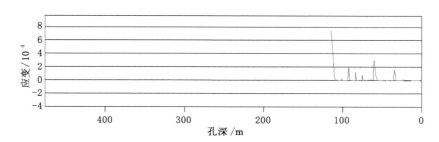

图 3-25　工作面距离监测钻孔 1 m 时孔内应力曲线

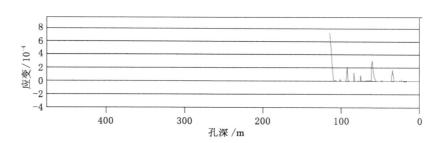

图 3-26　工作面推过监测钻孔 17.8 m 时孔内应力曲线

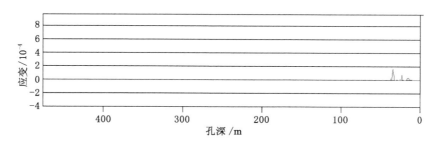

图 3-27　工作面推过监测钻孔 27.3 m 时孔内应力曲线

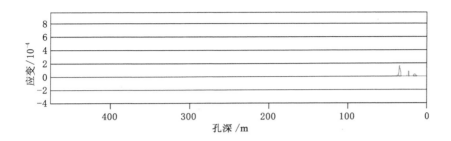

图 3-28　工作面推过监测钻孔 81.5 m 时孔内应力曲线

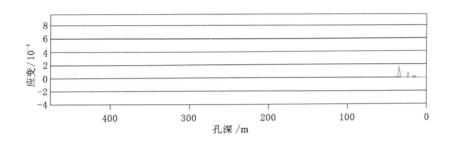

图 3-29　工作面推过监测钻孔 206 m 时孔内应力曲线

　　破断过程由下向上非连续性进行,此后,直到工作面推过监测钻孔 206 m,未再监测到破断现象,应力状态趋于稳定。可以推断,工作面推过监测钻孔后一段时间内,低位覆岩内由压应力过渡为拉应力,煤层顶板垮落、下沉,由于光纤已经在高位覆岩内断裂,因此无法监测到这个过程,破断位置统计见表 3-7;破断点位置如图 3-30 所示。

表 3-7　破断位置统计表

破断顺序	与监测孔相对位置/m	埋深/m	破断点位于煤层顶板上方位置/m
第 1 次破断	65.00	202.400	263.000
第 2 次破断	53.00	243.400	222.000
第 3 次破断	33.90	286.300	179.100
第 4 次破断	19.40	347.400	118.000
第 5 次破断	−27.30	421.400	44.000

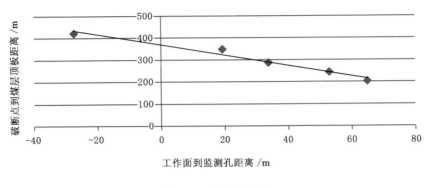

图 3-30　破断点位置

3.3.6　结论

拉应力是离层出现的根本动力源,可以间接证明采后覆岩的任何层段内均可以发生离层。

第 4 章　基于 Excel 的数据管理与拓展应用

《煤矿防治水细则》要求矿井应当建立 15 种基础台账,其中包括水位观测成果台账、水化学台账、涌水量台账等。建立台账的目的不单纯是保存历史数据,更是为了利用已有数据解决现实问题。大数据原理告诉我们,事物的运行总是遵循着某一规律,工程技术领域中恒常规律和混沌规律都是极少出现的,最常出现的是浮动规律,其特点是有迹可循却又无准确把握。"有迹可循"是数据分析的内在动力,"无准确把握"决定了数据分析过程是繁杂的,但可以通过数据分析寻找事故之间的关联性。目前全社会都在重视大数据的建设,数据的大小是相对的,可以包罗万象,也可以是某个企业、某一专业积累的数据。管理好含水层水位、水化学分析、涌水量等数据,是煤矿水害防治的基本工作。

4.1　含水层水位数据管理与拓展应用

在煤矿防治水方面,水文观测孔的水位代表着含水层的水位,水位异常升降总是与突(涌)水事件相关联,或是含水层之间水力联系发生了变化。通过研究等水位线、水位历时曲线、水位与涌水量相关性、水位与注浆过程相关性等,可预测突水事件、判定突(涌)水水源或评价注浆堵水工程效果等,因此煤矿防治水专业技术人员应注重水文观测孔水位数据收集、整理和动态分析,用数据"说话"是煤矿工程技术人员最重要的工作方法。

4.1.1　建立数据库

（1）数据来源

含水层水位可以从地面钻孔内实测,也可以测量井下水文孔内水压后换算成水头水位。测量手段通常有测绳、测钟、电子水位计、自动监测无线传输等。人工频繁观测费时费力,尤其是条件复杂型矿井正常观测的孔(点)多,观测不及时数据就会失去连续性,人为误差也难以通过数据处理手段消除。目前,煤矿企业多采用基于 NDCS 分布式控制的智能自动监测系统,由智能传感器、通信分站、监控计算机三部分组成,数据采集频率可人工设定,实现实时监测数据无线传输。井下水文自动监测报警系统由各观测点监控分站和监控中心组成,监控分站与监控中心凭借以太网、GPRS 和 GSM 等通信方法保证数据传输。监控分站由相应的传感器、遥测终端(含采集模块、存储模块和通信模块)、蓄电池和接地系统等组成。

(2) 建立数据库(表)

Excel 是微软公司的办公软件 Office 的组件之一,其强大的功能非常适合用来建立矿井水含水层水位数据库。建立水位数据库应注意以下几点:

① 同一含水层数据记录在一张表内,如图 4-1 中 Z1 孔,Z2 孔…均为白垩系含水层观测孔。所有含水层数据记录在同一工作簿内,自动观测时,每日观测频次设置为 3 次为宜(每 8 h 观测 1 次),特殊情况下例外。

② 正常情况下,仪器设置为每日 3 个数据,观测时间均匀分布,取当日平均值代表当日水位,便于绘制水位历时曲线。特殊情况下,可以加密观测。

③ 插入一列计算日升降幅度,按升降设置不同颜色便于浏览。

④ 需要进行逻辑比较、计算时,尽量利用 Excel 自身功能在单元格内预设公式解决问题(图 4-2)。

4.1.2 拓展应用

大数据理论核心依据是表现理论,即通过事物所表现出来的特征认识事物的内在规律,规律与特征之间必然存在着关联性,关联性就是预测的关键点。当数据总量有限时还不能反映事物的全貌,但可以根据关联性来推演和预测。水位持续观测时间越长、数据越连续,数据量就越大,推演预测结果则越准确。数据量大小、观测时间长短都是相对的,有时需要持续观测数个水文年,有时一段时间内的数据即可反映某一突(涌)水事件的全过程。

(1) 绘制含水层水位历时曲线

利用数据库可以绘制单孔水位历时曲线、同一含水层多孔水位历时叠合曲线、多含水层多孔水位历时叠合曲线等,分析问题时从数据库内提取相应的数据,电子表格可大大方便提取数据的操作。如用鼠标选取图 4-1 中"观测时间"和"平均水位"两列数据后,用 Excel 的插入图表功能即可自动生成曲线(图 4-3)。绘制多孔水位叠合曲线时,从数据库中提取相关的所有数据另建数据表,选中这些数据就可以绘制多孔水位叠合曲线。数据提取方法可利用Excel 的引用功能,也可用复制粘贴功能等。

(2) 绘制等水位线

含水层等水位线常用来评价煤层底板突水危险性、评价注浆堵水效果、预测

A	B	C	D	E	F	G	H	I	J	K	L	M	N	O	P
	观测时间	Z1孔				Z2孔				...	Z3孔				...
		水位埋深/m	水位标高/m	平均水位/m	日升降/m	水位埋深/m	水位标高/m	平均水位/m	日升降/m	...	水位埋深/m	水位标高/m	平均水位/m	日升降/m	...
2010/1/1	8:00	53.999	1 263.999	1 263.988	...	101.260	1 214.310	1 214.317	...	...	88.473	1 231.559	1 231.341	...	...
	16:00	54.004	1 263.994	...	...	101.250	1 214.320	...	...	...	88.740	1 231.292	...	...	...
	0:00	54.026	1 263.972	...	...	101.250	1 214.320	...	...	...	88.859	1 231.173	...	...	...
2010/1/2	8:00	54.048	1 263.950	1 263.893	-0.095	101.240	1 214.330	1 214.340	0.023	...	88.895	1 231.137	1 231.097	-0.244	...
	16:00	54.103	1 263.895	...	...	101.230	1 214.340	...	...	...	88.923	1 231.109	...	...	...
	0:00	54.163	1 263.835	...	...	101.220	1 214.350	...	...	...	88.987	1 231.045	...	...	...
...	...	...				...				...	...				...

图 4-1　含水层水位基础数据表

	A	B	C	D	E	F	G	H	I	J	K	L	M
1	观测日期	Z1孔	Z2孔	Z3孔	Z4孔	…	Z5孔	Z6孔	Z7孔	Z8孔	Z9孔	Z10孔	Z11孔
3979													
3980	2010/1/24	1 219.836	1 211.577	1 050.451	1 095.452	…	1 118.783	1 233.050	1 177.003	985.363	1 237.152	1 125.460	1 197.33
3981													
3982													
3983	2010/1/25	1 219.866	1 211.607	1 050.334	1 095.479	…	1 118.977	1 233.080	1 176.967	985.293	1 237.154	1 125.910	1 196.56
3984													
3985													
3986	2010/1/26	1 219.876	1 211.607	1 050.141	1 095.486	…	1 119.167	1 233.142	1 176.967	985.187	1 237.189	1 126.497	1 195.83
3987													
3988	…	…	…	…	…	…	…	…	…	…	…	…	…

图4-2　含水层水位观测台账

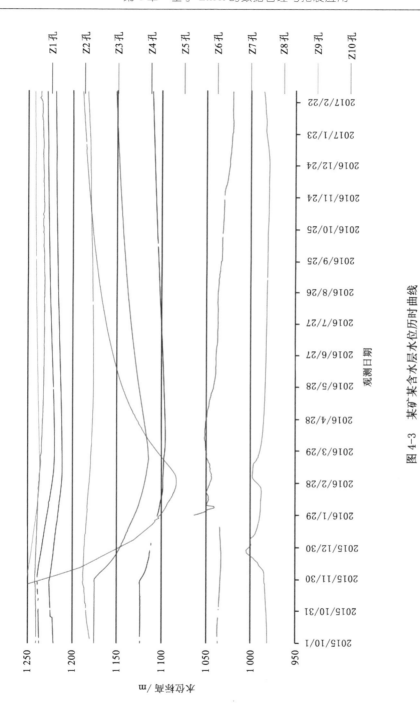

图 4-3　某矿某含水层水位历时曲线

强径流带和水流方向、判定突水水源等。从数据库内选取同一含水层、同一时间点各个观测点水位数据,利用 Surfer 绘图软件即可快速绘制某含水层等水位线图。例如,徐州某矿开采太原组 20 煤,建矿初期通过 20 煤顶板十灰(均厚 5.6 m)含水层等水位线发现井田中部存在明显的强径流带(图 4-4),水从东北向西南方向径流。矿井投产后发现凡是在径流带的采掘活动涌水量都明显大于非径流带,20 世纪 90 年代在井田外西北方向采取帷幕注浆截流措施后,径流通道被截断,矿井涌水量减少了 65%。

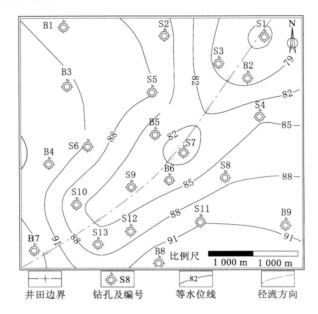

图 4-4 十灰含水层等水位线图

(3) 判定突(涌)水水源

鄂尔多斯盆地西缘上海庙矿区某矿为砂岩型充水矿床,煤层上方有白垩系砾岩、侏罗系直罗组七里镇砂岩、煤层顶板砂岩等含水层,富水性极弱至中等。2014 年 7 月 28 日,111084 工作面推进至 141 m 时顶板突水,突水点位于工作面中下部,最大涌水量达到 2 000 m³/h,水中携带大量泥砂,48 h 内工作面被埋。上部白垩系砾岩含水层富水性好于直罗组砂岩含水层,两含水层水质特点相似,如果水源不清则直接影响治理方案的制订。绘制两个含水层水位历时曲线后发现,工作面突水前后白垩系含水层水位缓慢上升的态势不变,直罗组含水层水位则在突水后急剧下降,表明突水水源为直罗组含水层(图 4-5)。

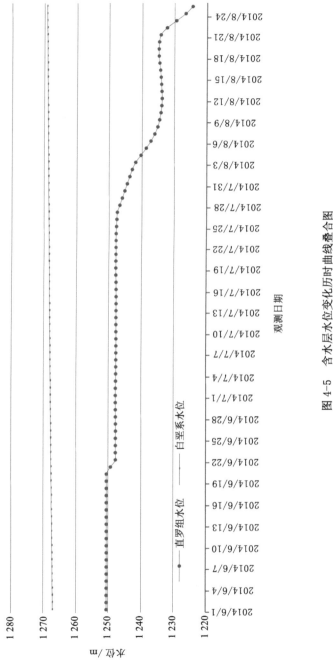

图 4-5　含水层水位变化历时曲线叠合图

本次突水发生在 7 月 28 日,早在 6 月 19 日水位已经有所反映,6 月 19 日至 7 月 28 日正是覆岩内产生离层并蓄水的过程,虽然工作面尚未出水,实际上突水事件已经在酝酿之中。由于是新矿区首个建成的矿井,技术人员经验不足,没有及时采取疏放离层水的措施,最终造成了本次事故。

(4)判断井上下水力联系

徐州某矿开采太原群(屯头系)煤层,1956—1961 年先后发生 5 次突水,其中 3 次局部淹井、2 次全井被淹,原因是井上下存在水力联系。判断矿井水是否存在井上下水力联系的方法较多,含水层水位是最直接的依据。如果含水层水位呈现出季节性有规律变化,则可判断两者之间存在水力联系,对应于丰水期水位开始上升的滞后时间越短,这种水力联系越密切。图 4-6 所示为山东济宁矿区某矿奥陶系灰岩水位变化曲线,记录了 2011 年 6 月 5 日至 2013 年 8 月 23 日期间的数据,跨过两个水文年度。由图 4-6 可以看出,每年 6 月底至 7 月初水位开始上升,12 月底左右水位开始下降,说明矿区内奥陶系灰岩含水层与地表水之间有紧密的水力联系,此外还反映出矿区附近奥陶系灰岩水位逐年整体下降,与工农业长期采取地下灰岩水有关。

(5)评价堵水工程效果

突水事件发生后通常采取注浆措施封堵过水通道,判定堵水效果的依据除了涌水量是否持续减少以外还有含水层水位的变化。2015 年 11 月 25 日,内蒙古上海庙矿区某矿开拓下山迎头底板突水,平均水量 3 600 m³/h,短时水量接近 10 000 m³/h,48 h 后矿井被淹。

突水水源为煤系地层底部含砾粗砂岩(宝塔山砂岩)。在地面打定向钻孔投放骨料后注入水泥浆,在巷道内形成一定长度的阻水体(墙)封堵过水通道。在突水点附近施工 G1 观测孔用来动态评价工程效果(图 4-7)。

以 2 月 28 日 8 时为时间节点,之前水位由快到慢地下降,之后水位由慢到快地回升,说明过水通道已经被封堵,可以试排水(图 4-8)。

(6)预计恢复水位

被淹没矿井在恢复生产过程中,随着排水井下水位逐渐降低、含水层水位逐渐回升,注浆形成的挡水墙承受的内外水压差越来越大,如果水压差超过墙体最大抗压能力则有二次溃水危险。上例中突水含水层没有原始水位数据,可以利用 G1 观测孔水位预计未来稳定水位,方法如下:

第 1 步:选取最近一段时期内观测数据,计算出每天(或每个时间单位)水位上升幅度值,用 Excel 插入散点图(图 4-9)。

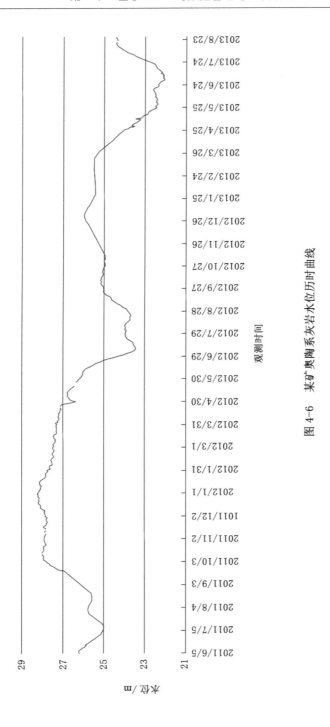

图 4-6　某矿奥陶系灰岩水位历时曲线

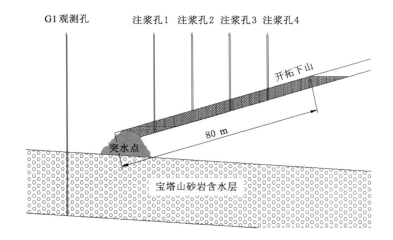

图 4-7　注浆孔及观测孔布置图

第 2 步：利用 Excel 趋势线功能并勾选"显示公式，显示 R 平方值"，选择 R^2 值最接近 1 的趋势线类型。本例中选择线性 $R^2＝0.947$，说明拟合度较好，得公式 $y＝-0.000\ 5x+0.276\ 59$。

第 3 步：设 $y＝0$（水位已经稳定），代入上式得 $x＝553$。

第 4 步：取相同时间段水位数据作历时曲线（图 4-10）。选择适当的趋势线类型，按上述方法得 $R^2＝0.991\ 4$，$y＝0.067\ 1x+1\ 156.2$。

第 5 步：将 $x＝553$ 代入上式，得 $y＝1\ 193.3$ m，即含水层最终恢复水位为 $+1\ 193.3$ m。阻水体（墙）处标高为 $+746.4$ m，当井下水位排至阻水墙时墙体将承受最大水头压差为 $1\ 193.3-746.4＝446.9$（m）。从而可以评价墙体的安全性。

水文观测孔是煤矿防治水技术工作的"眼睛"，长期积累的大量水位数据需要进行有效的管理，Excel 具有数据管理和分析功能，基于 Excel 建立的数据库（表）可作为参考模板供煤矿工程技术人员使用。通过应用实例证明，水位数据可解决许多技术问题，用数据"说话"仍是基本的技术工作方法之一。

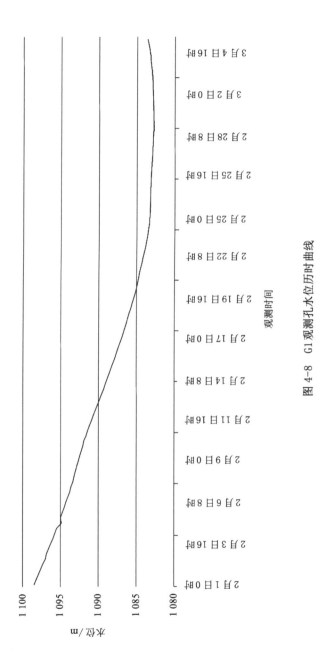

图 4-8 G1 观测孔水位历时曲线

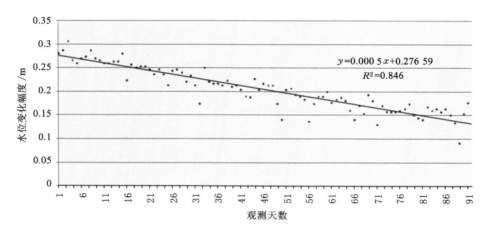

图 4-9　单位时间水位升降幅度散点图

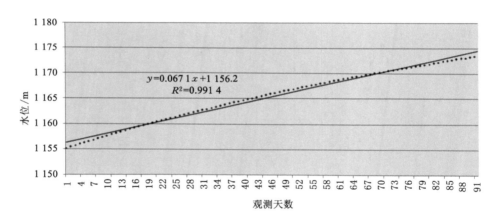

图 4-10　水位回升趋势线图

4.2　矿井涌(排)水量数据管理与拓展应用

矿井开采历史越长,积累的涌(排)水量数据越多,这些数据不能简单地用文字记录下来,应方便数据分析手段的应用。矿井涌水量按控制范围大小分为全矿井涌水量、水平涌水量、单一煤层涌水量、采区涌水量、工作面涌水量等,按时间又可分为逐日涌水量、逐旬涌水量、逐月涌水量、逐年涌水量等,单位可以是 m^3/s、m^3/min、m^3/h、m^3/d 等。大量的数据需要有效的管理形式,Excel 集数据库运算、字处理、数据通信、图形处理等多种应用于一体,非常适合用来建立涌水量台账。矿井涌水量与大气降雨量结合可分析判断井上下水力联系、与含水层水位数据结合可分析判定突(涌)水水源,与注浆过程结合可评价堵水工程效果等。

4.2.1　建立数据库

(1) 涌水量数据来源

矿井涌水量测量方法很多,通常有浮标法、堰测法、容积法、明渠水文自动监测仪法、管卡式超声波流量计法、水泵铭牌额定值法等,根据水量大小和控制区域范围选用适当的测量方法。不同测量方法精准度会有所差异,一个矿井或一个观测点最好选用同一种测量方法,这样产生的误差属于系统误差,对数据分析结果影响较小,也有利纵向和横向比较。能使用仪器观测的尽量使用仪器实现自动观测,如中央泵和采区泵房,可以在排水主管路上安装管卡式超声波流量计,设定一个固定时间节点,每天控制该时间节点上水仓内水位处于同一标高,两个时间节点之间排水量即是当天矿井涌水量(出多少排多少),因此正常情况下涌水量与排水量是相等的。

(2) 建立涌水量台账

台账的设计应注意通用性,避免重复性工作,本书将涌水量台账设计为一年一表,下年度可以复制上年度表格对数据进行更新即可(2 月例外)。通过对单元格进行公式设置,可自动计算涌水量的月平均值、月最大值、年平均值、年最大值以及年累计量、历年累计量等。历年的台账(表)打印后装订成册即矿井涌水量总台账,有利于质量标准化管理。表 4-1 所示是榆树井煤矿 2014 年矿井涌水量台账,采区或工作面涌水量台账等可参照设计。

表 4-1　榆树井煤矿 2014 年矿井涌水量台账

1 月		2 月		3 月		…	11 月		12 月	
日	涌水量 /m³	日	涌水量 /m³	日	涌水量 /m³	…	日	涌水量 /m³	日	涌水量 /m³
1	2 725	1	2 020	1	1 926	…	1	2 249	1	0
2	1 948	2	2 070	2	2 259	…	2	2 254	2	650
3	2 066	3	2 926	3	2 405	…	3	1 864	3	1 200
4	2 087	4	1 787	4	1 652	…	4	2 735	4	1 200
5	2 300	5	2 110	5	2 470	…	5	2 442	5	1 200
⋮	⋮	⋮	⋮	⋮	⋮	⋮	⋮	⋮	⋮	⋮

表 4-1(续)

1 月		2 月		3 月		…	11 月		12 月	
日	涌水量/m³	日	涌水量/m³	日	涌水量/m³	…	日	涌水量/m³	日	涌水量/m³
28	2 066	28	2 503	28	2 465	…	28	0	28	9 900
29	2 250			29	2 850	…	29	0	29	13 200
30	2 186			30	2 720	…	30	0	30	13 200
31	2 592			31	2 420				31	13 200
平均/(m³/h)	94	平均/(m³/h)	93	平均/(m³/h)	98	…	平均/(m³/h)	60	平均/(m³/h)	249
最大/(m³/h)	114	最大/(m³/h)	122	最大/(m³/h)	119	…	最大/(m³/h)	114	最大/(m³/h)	550
月累计/m³	20 220	月累计/m³	13 416	月累计/m³	21 167	…	月累计/m³	11 544	月累计/m³	53 750
年平均/(m³/h)	99.2	年最大/(m³/h)	550	年累计/m³	851 726	历年累计/万 m³	39 915			

4.2.2 拓展应用

（1）绘制涌水量历时曲线

基于 Excel 建立的涌水量台账，可以根据需要对数据进行重组、复制粘贴等操作，比如绘制涌水量（逐日）历时曲线，可以插入新表，将台账中每天涌水量引入。也可插入表格计算出旬平均涌水量、月平均涌水量或年平均涌水量，绘制出逐旬、逐月、逐年涌水量曲线。涌水量历时曲线上可以反映突（涌）水事件或其他引起水量增减事件。图 4-11 所示为新上海一号煤矿涌水量（逐月）历时曲线。

将涌水量与其他数据结合起来进行相关性分析，可解决许多实际问题。例如从图 4-11 可以看出：2014 年 8 月和 2016 年 1 月前后出现两次突变，一定有突水事件发生（前者为 111084 采煤工作面顶板突水，后者为胶带暗斜井底板承压含水层突水）；2012 年 12 月涌水量明显减小（全矿井停产检修）；除了突水事件外，矿井涌水量较为稳定（约 100 m³/h）；矿井涌水量没有随季节发生规律性变化，可判断井上下没有水力联系等。涌水量与大气降雨量相关曲线可评价井上下水力联系，涌水量与开采面积（或采出量、掘进进尺、开采深度等）相关曲线可预测未来涌水量，涌水量与含水层水位变化相关曲线可判断充水水源等。

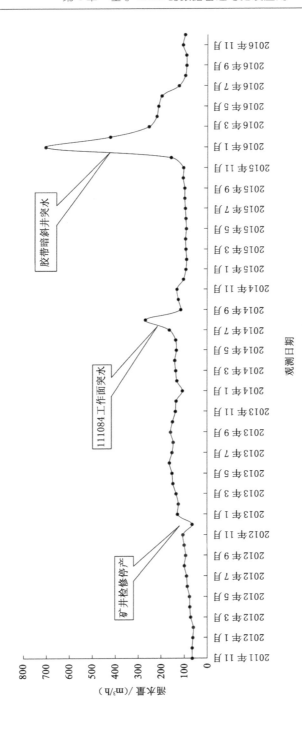

图 4-11　新上海一号煤矿矿涌水量（逐月）历时曲线

（2）通过涌水量历时曲线判定水源

山东济宁矿区某矿 13301 综采工作面（长 1 160 m、宽 160 m），开采山西组 3 煤层，煤层埋深 900～960 m，煤层厚度 2.15 m。煤层顶板砂岩含水层为直接充水水源，上覆侏罗系砂岩含水层为间接充水水源，两含水层之间的石盒子泥岩为隔水层，煤层顶板上距侏罗系砂岩含水层约 96 m。距离开切眼 370～440 m 处有一组落差 1.5～13.0 m 的小断层与工作面斜交。工作面推过断层组以后涌水量开始增加，440～650 m 段涌水量由原来的 90 m³/h 增加到 650 m³/h，由此推断为断层组活化导通了上部侏罗系砂岩水。若此推断成立，则可从地面打钻注浆封堵断层导水通道，预算工程费用 1.4 亿元。2013 年 3 月 17 日工作面开始停产，停产后水量趋于稳定（700 m³/h）；15 天后复产，涌水量再次增大；13 天后第二次停产，水量又趋于稳定。涌水量与工作面推进度相关性曲线（图 4-12）说明水量随回采面积增大而增加，符合顶板砂岩水出水特征，排除了断层导水可能性，这种情况下只能疏排，不可封堵，从而放弃注浆堵水计划，避免了无效投入，在加大排水能力情况下工作面最终安全回采结束。

（3）通过涌水量与注浆过程相关曲线判定水源

山东兖州矿区某矿 11303 综采工作面走向长 980 m，倾斜宽 120 m，煤层埋深 280～320 m，平均厚度 3.2 m，开采山西组 $3_上$ 煤层。煤层顶板砂岩富水性弱，上部第四系砂砾层富水性中等，含水层下距煤层约 86.6 m。依据传统经验公式计算导水裂隙带高度为 31.1 m，防隔水安全煤（岩）柱高度为 47.1 m，正常情况下第四系含水层对生产没有影响。工作面正常涌水量为 15 m³/h，推进至 760 m 后水量开始增加，5 天后达到 360 m³/h。重新分析三维地震数据时发现，工作面后方有一长轴 90 m、短轴 36 m 的垂向密集裂隙带，裂隙发育到第四系含水层底界，推测裂隙带导通上部第四系含水层。地面注浆过程中动态绘制涌水量与注浆过程相关曲线（图 4-13）：1 号孔注浆第 4 天涌水量曲线出现台阶式下降，坚定了注浆堵水信心；2 号、3 号注浆孔陆续投入注浆后涌水量曲线均出现台阶式下降，注浆进行到 45 天，井下水量恢复到以前正常涌水量，证实了突水水源和通道。

（4）通过排水强度与水位相关曲线评价挡水墙安全性

内蒙古上海庙矿区某矿开拓下山迎头底板突水，地面打定向钻孔注浆，在突水巷道内形成一定长度的阻水体封堵过水通道。阻水体形成后试排水过程中测量井筒内水位，绘制排水强度与水位相关性曲线（图 4-14）。一台大泵（550 m³/h）和一台小泵（275 m³/h）同时排水，1 月 16 日 11 时井筒内水位持续下降，12 时开始水位不降反升。增加排水能力后（同时开启两台大泵）水位又缓慢下降，再次改为一大一小两台泵排水时水位仍缓慢上升，证明了阻水体已受到破坏。于是决定停止排水，对阻水体进行加固，从而避免了事故扩大化。

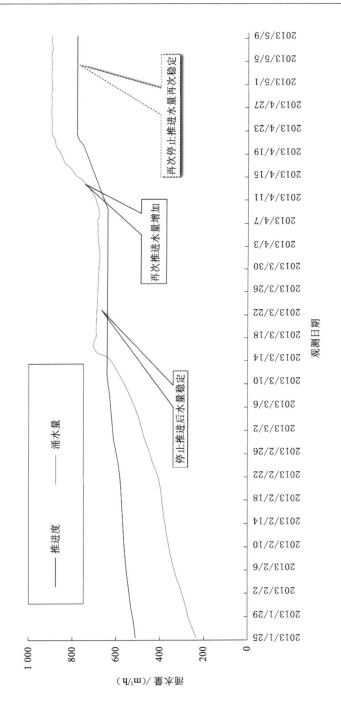

图 4-12　13301 工作面涌水量与推进度相关性曲线

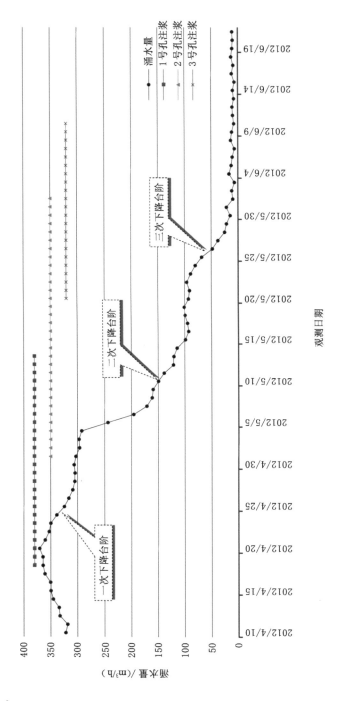

图 4-13　11303 工作面涌水量与注浆相关性曲线

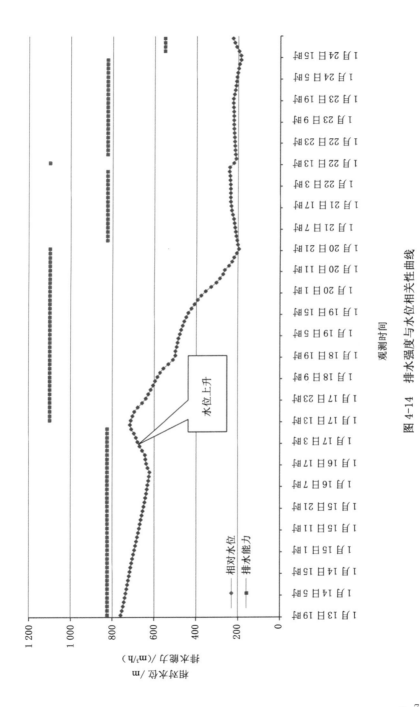

图 4-14　排水强度与水位相关性曲线

（5）预测工作面涌水量

煤系地层多为砂泥质沉积构造，通常涌水量随开采面积增大而增大。通过绘制涌水量与工作面推进度（或掘进进尺、回采面积、采煤量等）相关性曲线，可以预测未来涌水量。图 4-15 所示为枣庄矿区某矿 23052 工作面涌水量与推进度相关性曲线图，$R^2 = 0.984\,5$，趋势线拟合度较高，相关性公式为 $y = 0.545\,6x - 4.220\,6$，根据 170 m 以前涌水量数据预测推进 250 m 涌水量，只需将 250 m 代入公式即可得 132.2 m³/h。

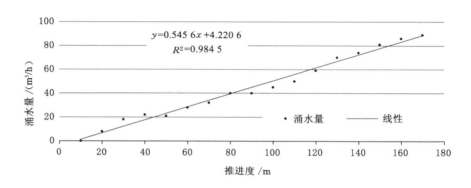

图 4-15　根据趋势线预测涌水量

（6）预测延深水平延深涌水量

矿井水平延深时需要预测延深水平涌水量，以便设计防排水系统。目前涌水量预测方法很多，如大井法、富水系数法、水文地质条件比拟法等。实践证明，任何一种方法都有其局限性。水文地质参数掌握较少的情况下，Excel 趋势线法预计涌水量不失为一种最简单的方法。

需要注意的是，绘制多因素相关性曲线时各相关因素（数据）的数量级或基数可能会有悬殊，需要对其中某种数据加（减）一个常数或乘（除）一个常数，或两种方法结合使用。

涌水量数据是煤矿防治水工作中重要的基础资料之一，应系统收集、及时整理，以 Excel 建立的涌水量台账有利于数据保存和管理。涌水量数据拓展应用方法很多，而多因素相关性曲线可以解决工程实践中许多的具体问题。

（7）矿井水量构成及排水系统图

通常以采掘工程平面图为底图，增加排水系统、老空积水、水文地质参数后形成矿井充水性图。矿井充水性图不能直观反映矿井水的区域化构成，通常以另外一种矿井涌水性图作为补充，每月绘制一幅，1 年计 12 幅，装订成册便于保存。

4.3　水化学数据管理与拓展应用

判定突（涌）水水源、评价井上下水力联系以及地下各含水层之间水力联系是煤矿水害防治工作中的一项重要内容。水化学反映地下水最本质特征，用水化学数据判别突（涌）水水源、评价含水层之间水力联系具有快速、准确、经济的特点。在全社会都极其重视大数据建设和应用的背景下，煤矿防治水技术人员也应该重视身边"小数据"的管理和应用，用数据解决生产中的具体问题。但现实中很多生产单位防治水工作者不善于系统收集和整理各种数据，或者将化验室出具的纸质报告直接装订成册，或者将报告的电子版不加整理地保存下来，都不利于数据的管理、分析和应用，也不利于质量标准化建设。判定突（涌）水水源的方法已经发展到多元统计学方法（聚类分析、判别分析等）和非线性分析方法（灰色系统理论、模糊数学、人工神经网络、GIS、MMH 支持向量机法、可拓识别法等），无论方法如何改进，均需要以水化学原始数据为基础。事实上，煤矿工程技术人员往往身兼多职，限于时间和精力，未必都要掌握高深的理论或过于复杂的技术方法，而 Excel 足以胜任对水化学数据的管理、分析和判断，数据管理表格可作为数据模板供广大防治水技术人员参考使用。

4.3.1　数据管理

（1）数据来源

不同含水层或同一含水层不同埋深、不同平面位置甚至不同时间水质会有一定的差异，因此要全面掌握矿井水化学特点需要长期、持续的化验数据积累。煤矿从预查（找煤）开始，历经普查、详查、勘探、建设、生产等阶段，生产过程中还要进行专项水文地质补充勘探，这样就积累了大量的水化学分析资料。勘探阶段主要从钻孔内提取水样，生产期间则以矿井水为主。为确保水样不受污染，孔内套管止水必须可靠，洗井要彻底，容器要用待采的水反复冲洗。矿井要根据井田水文地质条件复杂程度制订水样采集计划，分水平（或煤层、含水层、采区、工作面、涌水点）系统采取水样，丰水期和枯水期应分别采样对比。总之，要根据井田水文地质特点和重点防治对象，有计划、系统地采取水样并及时送检。

（2）建立台账

Excel 是最普遍使用的办公软件之一，基层技术人员即可掌握。用它可制作各种复杂的表格文档，进行烦琐的数据计算，对数据进行各种复杂统计运算后显示为可视性极佳的表格，或形象地将大量枯燥无味的数据变为多种漂亮的彩色图表显示出来，极大地增强了数据的可视性，此外还具备将各种统计报告和统计图打印出来的功能。以 Excel 2007 为例,一张表格共有 1 048 576 行、16 384 列,足以容纳任何煤矿历史上所有水化学数据。煤矿水化学基础数据表设置如图 4-16 所示。

第 1 列"取样时间",便于研究同一涌水点或同一含水层水质随时间变化规律。

第 2 列"取样地点",填入取样地点名称(如工作面名称、涌水点编号等),便于以此为条件快速筛选同一出水点所有水化学数据。

第 3 列"含水层",填入含水层名称,便于快速筛选出该含水层所有水化学数据,如暂时不能确定含水层,可暂定含水层,在最后一列"备注"中填入"疑似"以示提醒。

从第 4 列开始依次填入主要阳离子名称、主要阴离子名称、总硬度、永久硬度、暂时硬度、负硬度、总碱度、H_2SiO_3、pH 值、矿化度等,尽可能将水质报告单上所有信息全部录入表内。

每种主要离子占用 3 列,第 1 列填入离子质量浓度,mg/L;第 2 列填入离子摩尔浓度,mmol/L;第 3 列填入离子毫克当量百分比,%。

表的最后一列"备注"填入提示性信息,如套管止水是否可靠、是否为混合水、含水层待定等。

建立起来的数据表每行数据即是一份水质化验报告,全矿所有水化学资料全部集中到一张表格上,方便查看和保存,也有利于质量标准化建设。以集团公司为单位汇总起来的数据表则是庞大的数据库。

4.3.2 拓展应用

(1) 确定含水层标准水质

当井下出现新的突(涌)水点时,采用水化学法判定水源的前提条件是已经掌握了各水源的水化学特点,即掌握了各水源各项化学指标。由于水质化验数据受取样时间(季节)、地点、埋深、检测手段以及其他原因影响会产生一定的误差,因此不宜采用一个样本的数据作为该水源的水质标准。建立了水化学基础数据表以后,以含水层的名称为条件,筛选出该含水层所有样本数据,根据表内"备注"列提示信息对其进行甄别,先将一些混合水或含水层判别不清的样本剔除,然后插入一行自动求取剩余样本各项指标的平均值,这样得到的一行数据一般可作为该含水层的水质标准。

以山东济宁矿区某煤矿为例,其直接或间接充水含水层共 5 层,历史上共积累水质化验报告 108 份,通过甄别排除 24 份不可靠样本,可靠样本 84 份,其中侏罗系砂岩(简称 J_3 砂岩)水 21 份、3 煤层顶板砂岩(简称三砂)水 23 份、三灰水 15 份、七灰水 13 份、奥灰水 12 份,按此方法获得各含水层标准水质数据,如图 4-17 所示。

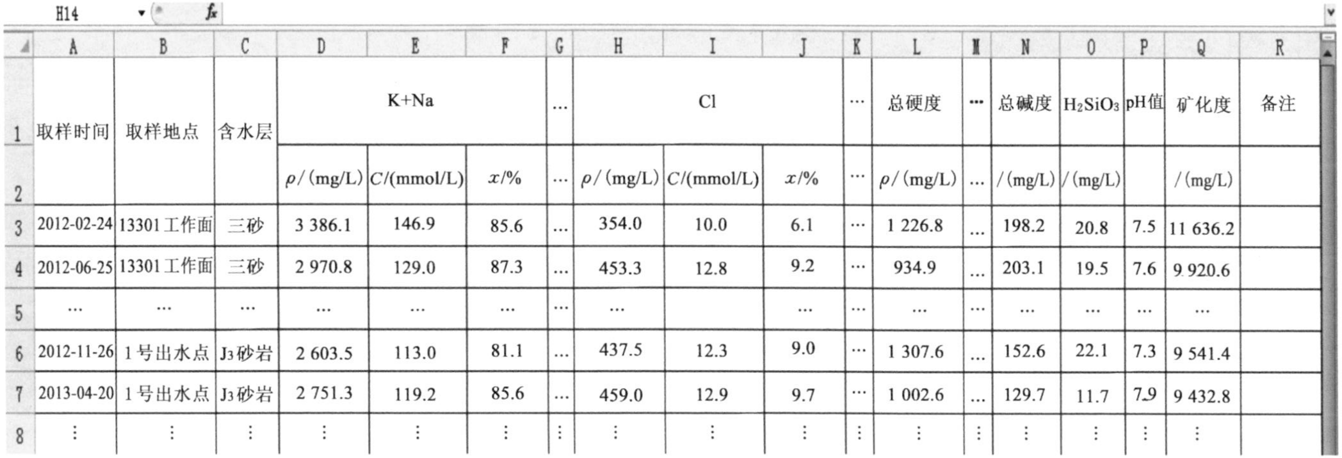

H14

	A	B	C	D	E	F	G	H	I	J	K	L	M	N	O	P	Q	R
1	取样时间	取样地点	含水层	K+Na			…	Cl			…	总硬度	…	总碱度	H_2SiO_3	pH值	矿化度	备注
2				ρ/(mg/L)	C/(mmol/L)	x/%	…	ρ/(mg/L)	C/(mmol/L)	x/%	…	ρ/(mg/L)	…	/(mg/L)	/(mg/L)		/(mg/L)	
3	2012-02-24	13301 工作面	三砂	3 386.1	146.9	85.6	…	354.0	10.0	6.1	…	1 226.8	…	198.2	20.8	7.5	11 636.2	
4	2012-06-25	13301 工作面	三砂	2 970.8	129.0	87.3	…	453.3	12.8	9.2	…	934.9	…	203.1	19.5	7.6	9 920.6	
5	…	…	…	…	…	…	…	…		…	…	…	…	…	…	…	…	
6	2012-11-26	1 号出水点	J_3砂岩	2 603.5	113.0	81.1	…	437.5	12.3	9.0	…	1 307.6	…	152.6	22.1	7.3	9 541.4	
7	2013-04-20	1 号出水点	J_3砂岩	2 751.3	119.2	85.6	…	459.0	12.9	9.7	…	1 002.6	…	129.7	11.7	7.9	9 432.8	
8	⋮	⋮	⋮	⋮	⋮	⋮	⋮	⋮	⋮	⋮	⋮	⋮	⋮	⋮	⋮	⋮	⋮	

图 4-16　煤矿水化学基础数据表

	A	B	C	D	E	F	G	H	I	J	K	L	M	N	O	P	Q
1	含水层	K+Na			Ca			Mg			Cl			SO₄			
2		ρ/(mg/L)	C/(mmol/L)	x/%	ρ/(mg/L)	C/(mmol/L)	x/%	ρ/(mg/L)	C/(mmol/L)	x/%	ρ/(mg/L)	C/(mmol/L)	x/%	ρ/(mg/L)	C/(mmol/L)	x/%	…
3	J₃砂岩水	1 075.9	46.7	83.2	165.6	8.3	14.7	13.7	1.1	2.0	422.7	11.9	15.8	2 063.1	42.9	78.9	…
4	三砂水	2 738.2	119.6	89.6	209.8	10.5	7.7	40.3	3.4	2.5	538.8	15.2	9.0	5 344.2	111.3	85.3	…
5	三灰水	1 464.6	63.5	94.2	41.2	2.1	3.1	21.5	1.8	2.6	786.5	17.2	25.1	1 880.9	39.2	59.8	…
6	七灰水	266.8	29.8	13.6	986.6	39.2	50.1	687.3	40.0	35.2	380.9	10.7	10.2	1 705.3	35.5	49.0	…
7	奥灰水	401.8	16.9	34.3	605.8	30.2	51.7	137.5	11.3	11.8	598.7	16.9	18.9	2 034.2	42.4	62.9	…
8	…	…	…	…	…	…	…	…	…	…	…	…	…	…	…	…	…

图 4-17 某煤矿主要含水层水质标准台账

（2）水质类型划分

用水质判别水源具有快速、准确、经济的特点，防治水技术人员应该熟练掌握水质类型划分标准和方法，下边以某煤矿为例介绍水质分类过程。

① 按主要离子含量分类

主要离子指 Na^+、Ca^{2+}、Mg^{2+}、Cl^-、SO_4^{2-}、HCO^-（通常 Na^+ 与 K^+ 合并）6 种，毫克当量百分比大于或等于 25% 的离子编入水质类型名称。根据图 4-17 所示表格，该煤矿各含水层水质类型为：

J_3 砂岩水：SO_4-Na 型；

三砂水：SO_4-Na 型；

三灰水：SO_4·Cl-Na 型；

七灰水：SO_4-Ca·Mg 型；

奥灰水：SO_4-Ca·Na 型。

J_3 砂岩和三砂两个含水层水质均为 SO_4-Na 型，遇到这类情况可采用舒卡列夫分类法进一步区分。

② 舒卡列夫分类

舒卡列夫分类共分三步。

第 1 步：将 6 种主要离子中含量大于 25% 毫克当量的阴离子和阳离子进行组合，可组合出 49 型水，每型用一个阿拉伯数字为代号（表 4-2）。J_3 砂岩水和三砂水水质类型代号均为 35。

表 4-2　舒卡列夫分类表

超过 25% 毫克当量的离子	HCO_3	HCO_3+SO_4	HCO_3+SO_4 $+Cl$	HCO_3+Cl	SO_4	SO_4+Cl	Cl
Ca	1	8	15	22	29	36	43
Ca＋Mg	2	9	16	23	30	37	44
Mg	3	10	17	24	31	38	45
Na＋Ca	4	11	18	25	32	39	46
Na＋Ca＋Mg	5	12	19	26	33	40	47
Na＋Mg	6	13	20	27	34	41	48
Na	7	14	21	28	35	42	49

第 2 步：按矿化度 $M/(g/L)$ 的大小划分为四组，分别为：

A 组：$M \leqslant 1.5$；

B 组：$1.5 < M \leqslant 10$；

C 组：$10 < M \leqslant 40$；

D 组：$M > 40$。

J_3 砂岩水矿化度为 1.32 g/L，划为 A 组；三砂水矿化度为 9.8 g/L，划为 B 组。

第 3 步：将代码与字母组合，J_3 砂岩水类型为 35-A 型，三砂水类型为 35-B 型，从而将两者区分开。

有些情况下两种以上水源的水质极其相似，按上述方法分类后仍难以区分，可采用库尔洛夫式进一步比较。

③ 库尔洛夫式

库尔洛夫式是用类似数学分式的形式表示水的化学成分的方法。在分子的位置上按含量的多少顺序列出各阴离子及其毫克当量百分数（小数部分四舍五入），在分母的位置上表示各阳离子及其毫克当量百分数，也按含量多少依次排列，同时将原子数由下角移至上角。凡是含量少于 10% 的离子不列入式中。在分式的前端标明水的总矿化度 M 以及各种气体成分和微量成分的质量浓度，在分式后端列出水温与涌水量，缺少的项目可在式中缺省。

根据数据表 4-2，J_3 砂岩水的库尔洛夫式为：

$$H^2SiO^3_{0.017\,5}\,M_{1.32}\,\frac{SO^4_{78.89}\,Cl_{15.78}}{Na_{83.23}\,Ca_{14.73}}\,t_{23.5}$$

三砂水的库尔洛夫式为：

$$H^2SiO^3_{0.012\,6}\,M_{9.8}\,\frac{SO^4_{85.33}}{Na_{89.61}}\,t_{28.5}$$

与舒卡列夫分类相比，库尔洛夫式将更多的水化学项目纳入式中，不同水源水质特点区分更加精细化。

（3）判定水源

某煤矿开采山西组 3 煤层时，煤层顶板砂岩为直接充水水源（简称三砂），上覆侏罗系砂岩是间接充水水源（简称 J_3 砂岩）。一采区共有 6 个工作面（图 4-18），先期回采的 5 个工作面涌水量为 $80 \sim 240$ m³/h，从地面钻孔中向 J_3 砂岩层内投入示踪剂（碘化钾），矿井水中没有检测到碘离子含量异常，证明这 5 个工作面水源均为三砂含水层。11305 工作面是一采区第 6 个回采的工作面，推进 80 m 时采空区内开始涌水，24 h 内水量增加到 450 m³/h，同时前 5 个采空区涌水量快速衰减。水质类型为 SO_4-Na 型，矿化度高于三砂水质并小于 J_3 砂岩水质。从地面钻孔向 J_3 砂岩内投入试剂，在 11305 工作面出水中检测到碘离子含量异常，从而确定本工作面涌水是三砂水和 J_3 砂岩水两者的混合。

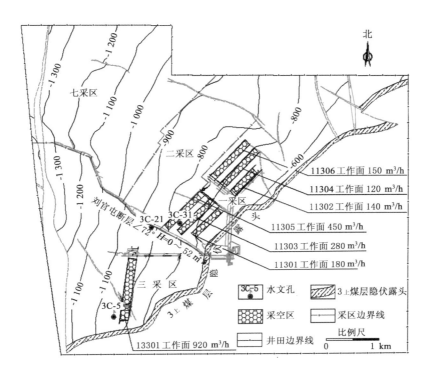

图 4-18　某煤矿井田采区分布图

J₃ 砂岩含水层与 11305 工作面产生水力联系的原因是:刘官屯断层(落差 50 m)防隔水煤柱留设不足,煤层顶板冒落裂隙带波及断层破碎带形成管涌式通道,从而沟通断层上盘 J₃ 砂岩水(图 4-19)。

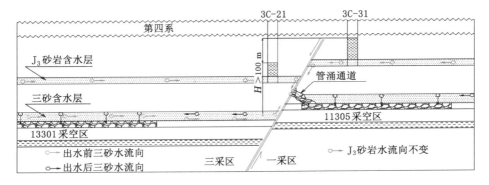

图 4-19　水源补给关系图

　　一采区开采结束后,主要采掘活动转移到三采区,13301 工作面是三采区首采工作面,有一组小断层(落差 1.5～7 m 不等)与工作面斜交。2013 年 4 月工作面推进 440 m 时完全跨过断层组,此后采空区涌水量逐渐增加,推进 560 m 时水量为 190 m³/h,推进 680 m 时水量为 900 m³/h,随后工作面暂时停止生产。同时一采区的 11305 采空区水量锐减到 90 m³/h 后稳定,水量减少了 75%。

　　13301 工作面是矿井投产以来涌水量最大的工作面,且恰好在过断层以后水量开始快速增大,因此一种观点认为是小断层活化导通了上部 J_3 砂岩水,应先堵水、后生产;另一种观点认为煤层顶板砂岩富水性不均一,13301 工作面是三采区首采工作面且位于三砂含水层的富水区内,因此涌水量大,与断层无关,此类型涌水只能强排,不能封堵。主要依据是:

　　① 13301 工作面出水以前,11305 采空区是 J_3 砂岩和三砂两个含水层共同且唯一的泄水口。

　　② 13301 工作面回采前三采区的三砂水流向一采区的 11305 采空区,13301 工作面回采后相当于给顶板砂岩含水层开了个"天窗",三砂水流向发生变化,J_3 砂岩水流向不变。

　　③ 管涌式通道是两个含水层向 11305 采空区补给的公用通道,当三砂水流向改变后通道内压力平衡随之改变,结果是三砂过水量减少而 J_3 砂岩过水量有所增加,从而引起 J_3 砂岩水位下降速度异常。

　　④ 11305 采空区剩余的 90 m³/h 水量中 J_3 砂岩水所占比例大大提高,减少的是三砂水。

　　如第二种观点成立,则 11305 工作面水质会发生变化,而水质是判断哪一种观点正确的关键证据。

　　水样检测结果表明,11305 工作面水质类型没有变化,仍为 SO_4-Na 型,但矿化度显著降低。2011 年 4 月至 2013 年 12 月其矿化度基本稳定在 4.7 g/L 左右,2014 年 5 月以后(13301 工作面出水后)采集的 5 个水样矿化度为 3.10～3.24 g/L,表现在矿化度历时曲线上出现明显的"台阶",从而证明第二种观点是正确的。

　　为进一步确定水源,在断层带上打钻并向 J_3 砂岩层内投入 50 kg 碘化钾,分别在 11305 采空区出水口和 13301 工作面出水口设点采集水样,每 1 h 取水样 1 次,持续 36 天。检测结果表明,11305 采空区水中碘离子多次出现异常性峰值(图 4-20);13301 工作面水中碘离子含量与背景值一致,再次验证了第二种观点是正确的。

　　综上所述,通过对水化学数据分析试验,证明 13301 工作面充水水源为煤层

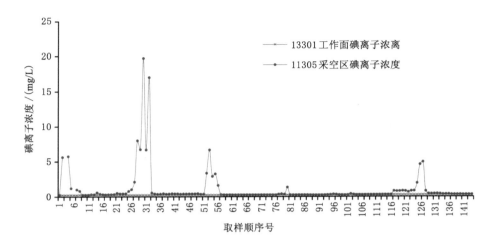

图 4-20　碘离子浓度历时曲线

顶板砂岩含水层,该含水层位于覆岩"两带"高度内,只可疏排,不可封堵,从而避免了盲目堵水而带来的经济损失。

采用 Excel 建立的水化学数据库,便于进行化学特点分析、对比和研究,同时也有利于质量标准化的建设。利用长期积累的水化学数据对含水层(水源)的水质类型进行分类,当某一种分类方法难以区别不同含水层水质特点时,可采取多种分类方法进行区分。通过对含水层水化学类型划分和水化学特点分析,可以经济、快捷地解决一些防治水技术难题。

第5章 基于"三图-双预测法"的顶板突水危险性研究

"三图"指顶板充水含水层富水性分区图、顶板冒落安全性分区图、顶板涌（突）水条件综合分区图；"双预测"为煤层顶板充水含水层预处理前后回采工作面分段和整体工程涌水量预测。

5.1 富水性主控因素

5.1.1 含水层厚度

在其他因素一定的情况下，含水层的富水强度与含水砂岩厚度成正比，含水砂岩厚度越大，含水空间越发育，富水性越好。直接充水含水层厚度为导水裂隙带范围内砂岩层（包括中、粗、细砂岩）厚度，利用钻孔资料可以得到8煤顶板导水裂隙带范围内砂岩层厚度（表5-1），并绘制煤层顶板砂岩层等厚线图（图5-1）。

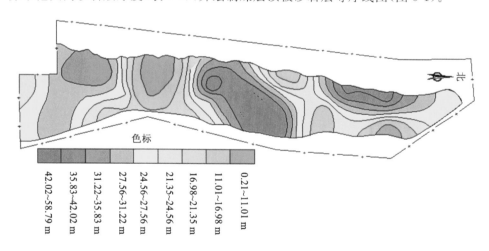

图 5-1　煤层顶板砂岩等厚线图

表 5-1　煤层顶板砂岩层厚度统计

序号	孔号	厚度/m	序号	孔号	厚度/m	序号	孔号	厚度/m
1	ZK802	16.54	16	1502	13.67	31	1902	23.92
2	1006	30.5	17	Z6	17.21	32	2004	50.51
3	1004	29.5	18	S1	20.5	33	Z12	26.53
4	1104	21.21	19	1604	15.01	34	2102	0.2
5	1102	27.6	20	1704	12.2	35	Z16	22.9
6	B-13	22.45	21	1702	22.61	36	2204	28.26
7	S3	36.67	22	B-8	58.8	37	2205	16.7
8	S5	10.75	23	Z15	21.73	38	B-1	6.5
9	1304	35.73	24	Z10	31.29	39	Z2	36.76
10	Z9	10.93	25	ZK1802	25.45	40	2403	39.25
11	B-11	7.45	26	Z14	19.31	41	2404	28.14
12	1403	8.8	27	B-6	26.07	42	Z1	17.66
13	Z7	6.54	28	B-7	24.58	43	2604	48.74
14	B-10	10.1	29	1904	29.91	44	X6	0.22
15	1504	23.62	30	Z13	44.39			

5.1.2　单位涌水量

通过计算 8 煤导水裂隙带可知,井田内部分地段能够导通直罗组含水层水。因井田专门对 8 煤、15 煤顶板抽水试验数据较少,且多为混合抽水,因此对导水裂隙带能够沟通直罗组含水层的地段采用直罗组含水层抽水试验数据,未沟通直罗组含水层的区域采用 8 煤顶板抽水试验数据,全井田可用来分析 8 煤的数据点共 8 个(表 5-2)。

表 5-2　8 煤顶板水含水层单位涌水量统计

序号	孔号	抽水层位	单位涌水量/[L/(s·m)]
1	Z1	直罗组	0.117
2	Z2	直罗组	0.011
3	Z3	直罗组	0.047
4	Z5	8 煤顶板至直罗组	0.027
5	Z6	8 煤顶板至直罗组	0.020
6	Z8	直罗组	0.038
7	Z16	8 煤顶底板	0.003
8	1604	上组煤砂岩	0.002 4

根据表 5-2 绘制 8 煤顶板充水含水层单位涌水量专题图(图 5-2)。

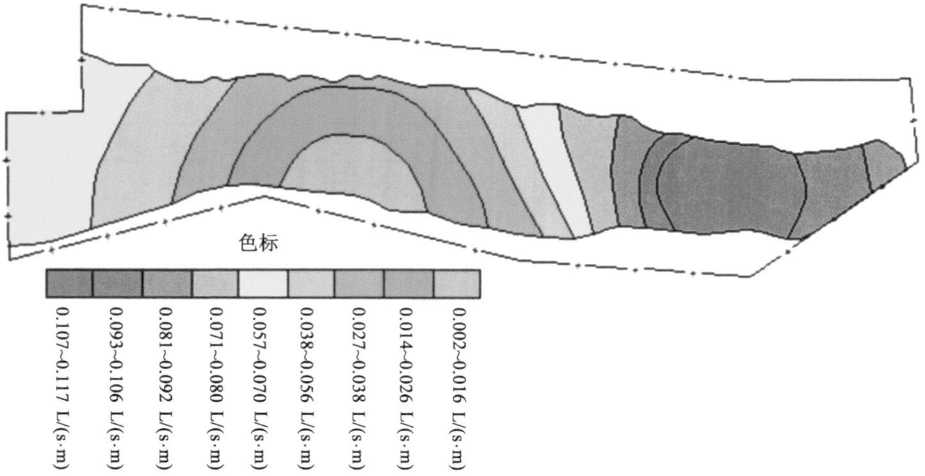

色标

0.107—0.117 L/(s·m)
0.093—0.106 L/(s·m)
0.081—0.092 L/(s·m)
0.071—0.080 L/(s·m)
0.057—0.070 L/(s·m)
0.038—0.056 L/(s·m)
0.027—0.038 L/(s·m)
0.014—0.026 L/(s·m)
0.002—0.016 L/(s·m)

图 5-2　单位涌水量专题图

5.1.3　渗透系数

根据 8 煤顶板抽水试验的数据建立充水含水层钻孔渗透系数统计表(表 5-3),由于抽水试验次数较少,且多为混合抽水试验,因此仅有 8 个数据。

表 5-3　8 煤顶板直接充水含水层渗透系数统计表

序号	孔号	抽水层位	渗透系数/(m/d)
1	Z1	直罗组	0.281
2	Z2	直罗组	0.028
3	Z3	直罗组	0.071
4	Z5	8 煤顶板至直罗组	0.053
5	Z6	8 煤顶板至直罗组	0.050
6	Z8	直罗组	0.161
7	Z16	8 煤顶底板	0.008
8	1604	上组煤砂岩	0.035

根据表 5-3 绘制 8 煤顶板充水含水层渗透系数专题图(图 5-3)。

5.1.4　脆塑性比值

井田内地层岩性主要由粉砂岩、泥岩、细砂岩、中砂岩和粗砂岩组成,泥岩、粉砂岩属于塑性岩石,砂岩则属于脆性岩石,脆性岩石易形成裂隙和孔隙而含

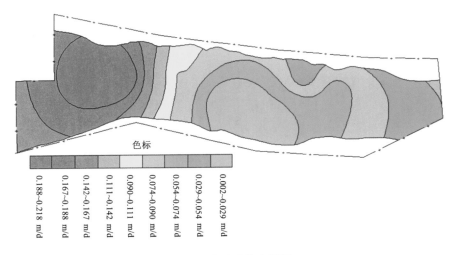

色标

0.188-0.218 m/d　0.167-0.188 m/d　0.142-0.167 m/d　0.111-0.142 m/d　0.090-0.111 m/d　0.074-0.090 m/d　0.054-0.074 m/d　0.029-0.054 m/d　0.002-0.029 m/d

图 5-3　渗透系数专题图

水。地层的含水性与煤层顶板的岩性特征关系密切,一般来说,在地层中脆性岩占的比例越大,则富水性越强。

根据钻孔柱状图,计算 8 煤顶板导水裂隙带范围内脆塑性比值(表 5-4)。

表 5-4　8 煤顶板含水层脆塑性比值

序号	孔号	脆塑性比值	序号	孔号	脆塑性比值	序号	孔号	脆塑性比值
1	ZK802	0.32	16	1502	5.14	31	1902	0.70
2	1006	1.22	17	Z6	1.28	32	2004	3.49
3	1004	1.86	18	S1	1.92	33	Z12	0.95
4	1104	1.09	19	1604	0.85	34	2102	0.01
5	1102	1.82	20	1704	0.63	35	Z16	0.58
6	B-13	1.25	21	1702	1.09	36	2204	1.23
7	S3	3.13	22	B-8	3.11	37	2205	0.37
8	S5	0.28	23	Z15	1.79	38	B-1	0.11
9	1304	2.32	24	Z10	3.37	39	Z2	2.23
10	Z9	0.42	25	ZK1802	3.02	40	2403	1.07
11	B-11	0.19	26	Z14	0.91	41	2404	1.05
12	1403	0.37	27	B-6	1.35	42	Z1	0.49
13	Z7	0.16	28	B-7	1.45	43	2604	2.32
14	B-10	0.47	29	1904	1.31	44	X6	0.01
15	1504	0.52	30	Z13	6.57			

根据表 5-4 绘制 8 煤顶板充水含水层脆塑性比值专题图（图 5-4）。

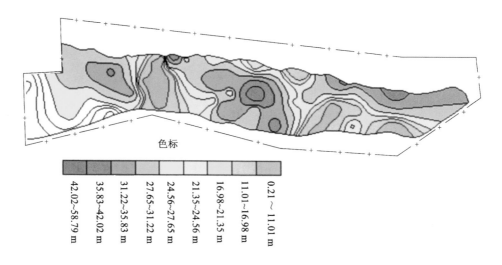

色标

42.02~58.79 m

35.83~42.02 m

31.22~35.83 m

27.65~31.22 m

24.56~27.65 m

21.35~24.56 m

16.98~21.35 m

11.01~16.98 m

0.21～11.01 m

图 5-4　脆塑性比值专题图

5.2　建立含水层富水性指数模型

5.2.1　AHP 层次结构分析模型

　　根据对反映含水层富水性各多元信息的分析，将其划分为三个层次。含水层富水性评价是这一问题的最终目的，作为模型的目标层（A 层次）；渗流场、含水层场、岩性场等反映了含水层的富水性，但其影响方式还需通过与其相关的具体因素来体现，这是解决问题的中间环节，亦即模型的准则层（B 层次）；各个具体的多元地学信息构成了本模型的决策层（C 层次），通过对该层次问题的决策，即可最终达到所要求解的目标，如图 5-5 所示。

5.2.2　构造判断矩阵

　　根据以上对反映含水层富水性的多元信息的分析，依照 1-9 标度方法，对每个因素所起作用的大小进行相对重要性评价，给出每个信息的量化分值，构建煤层顶板充水含水层富水性 AHP 评价的判断矩阵。根据判断矩阵计算出各层排序的权值，见表 5-5～表 5-12。

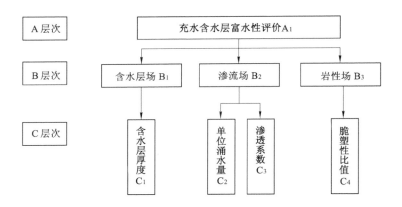

图 5-5　8 煤顶板富水性评价层次分析结构模型

表 5-5　8 煤判断矩阵 $A_1 \sim B_i\,(i=1\sim3)$

A_1	B_1	B_2	B_3	$W(A/B)$
B_1	1	1	2	0.400
B_2	1	1	2	0.400
B_3	1/2	1/2	1	0.200

$$\lambda_{max}=3.000, CI_1=0.000, CR_1=0.00$$

表 5-6　8 煤判断矩阵 $B_1 \sim C_i\,(i=1\sim1)$

B_1	C_1	C_1	$W(B/C)$
C_1	1	1	0.500
C_1	1	1	0.500

$$\lambda_{max}=1, CI_{21}=0, CR_{21}=0$$

表 5-7　8 煤判断矩阵 $B_2 \sim C_i\,(i=2\sim3)$

B_2	C_2	C_3	$W(B/C)$
C_2	1	2	0.667
C_3	1/2	1	0.333

$$\lambda_{max}=2.000, CI_{22}=0.000, CR_{22}=0.000$$

表 5-8　8 煤判断矩阵 $B_3 \sim C_i (i=4 \sim 4)$

B_3	C_4	C_4	$W(B/C)$
C_4	1	1	0.500
C_4	1	1	0.500

$$\lambda_{max}=1.000, CI_{23}=0.000, CR_{23}=0.000$$

各组矩阵计算出 λ_{max}、CI 与 CR，存在的 CR 值都小于 0.1，表明判断矩阵具有令人满意的一致性，可以通过一致性检验。

表 5-9　15 煤判断矩阵 $A_1 \sim B_i (i=1 \sim 3)$

A_1	B_1	B_2	B_3	$W(A/B)$
B_1	1	1	2	0.400
B_2	1	1	2	0.400
B_3	1/2	1/2	1	0.200

$$\lambda_{max}=3.000, CI_1=0.000, CR_1=0.000$$

表 5-10　15 煤判断矩阵 $B_1 \sim C_i (i=1 \sim 1)$

B_1	C_1	C_1	$W(B/C)$
C_1	1	1	0.500
C_1	1	1	0.500

$$\lambda_{max}=1.000, CI_{21}=0.000, CR_{21}=0.000$$

表 5-11　15 煤判断矩阵 $B_2 \sim C_i (i=2 \sim 3)$

B_2	C_2	C_3	$W(B/C)$
C_2	1	2	0.667
C_3	1/2	1	0.333

$$\lambda_{max}=2.000, CI_{22}=0.000, CR_{22}=0.000$$

表 5-12　15 煤判断矩阵 $B_3 \sim C_i (i=4 \sim 4)$

B_3	C_4	C_4	$W(B/C)$
C_4	1	1	0.500
C_4	1	1	0.500

$$\lambda_{max}=1.000, CI_{23}=0.000, CR_{23}=0.000$$

各组矩阵计算出 $\lambda_{\max}$、CI 与 CR，存在的 CR 值都小于 0.1，表明判断矩阵具有令人满意的一致性，可以通过一致性检验。

5.2.3　层次总排序及一致性检验

计算可得 C 层总排序随机一致性比率为：

$$CR_2 = CR_1 + \frac{CI_2}{RI_2} = CR_1 + \frac{\sum\limits_{i=1}^{n} CI_{2i} W(A/B_i)}{\sum\limits_{i=1}^{n} RI_{2i} W(A/B_i)} \tag{5-1}$$

经计算 CR 小于 0.1，具有令人满意的一致性，$W(A/C_i)$ 可以作为最终决策依据，从而确定多元信息在充水含水层富水性分区研究中叠加的权重值（表 5-13）。

表 5-13　直接充水含水层富水性分析中各地学信息的权重

多元信息	含水层厚度/m	单位涌水量/[L/(s·m)]	渗透系数/(m/d)	脆塑性比值
权重 W_i	0.400	0.267	0.133	0.200

5.2.4　富水性指数模型

建立煤层顶板充水含水层富水性指数模型，实际上就是建立一个表明各个地学信息作用的数学模型，这个模型所得出的计算结果能反映出某一地区内充水含水层富含水的程度，这一程度可以度量出来，初始模型的建立必须以多元地学信息反映含水层富水性的可能为基础。由于单一信息专题图只包含一个地学信息，不能满足通过一个数字模型进行多元信息综合处理的要求，所以必须先建立一个初始模型，使之能基本反映各地学信息的作用，然后通过反复调参、拟合运算，逐步向目标逼近，最终建立能够反映煤层顶板充水含水层富水性实际情况的模型。

富水性指数的定义：某一地区的某一地段的某一位置上的各种信息对其产生的叠加影响的总和，是含水层富水程度的一种归一化度量。可用以下模型表示：

$$CI = \sum_{k=1}^{n} W_k \cdot f_k(x,y) \tag{5-2}$$

式中　CI——富水性指数；

　　　W_k——地学信息权重；

　　　$f_k(x,y)$——单一信息影响值函数；

　　　x,y——地理坐标；

　　　n——多元信息的个数。

$f_k(x,y)$ 具体在煤层顶板直接充水含水层富水性评价中就是第 k 个地学信息量值归一化后的值。由此可以得出新上海一号煤矿 8 煤及 15 煤顶板直接充水含水层富水性评价模型为：

$$CI = \sum_{k=1}^{n} W_k \cdot f_k(x,y) = 0.400 \times f_1(x,y) + 0.267 \times f_2(x,y) +$$
$$0.133 \times f_3(x,y) + 0.309 \times f_4(x,y) + 0.200 \times f_5(x,y) \qquad (5\text{-}3)$$

5.3 突水危险性分区

5.3.1 富水性评价

基于层次分析的含水层富水性评价模型已经建立,在此基础上借助 GIS 强大的空间数据分析功能计算各信息专题图叠加后各单元富水性指数值的大小,其每一单元内各单一地学信息量归一化后的值一致,将全区共分为 1 337 行×302 列个性质相似的单元,各单元富水性指数值的大小标识了该单元内充水含水层富含水的程度,富水性指数的值在 0~1 之间,值越大说明该区富水性越好。将富水性指数相同或其值在某一区间的单元归并即可划分出充水含水层富水程度不同的区域。

8 煤顶板直接充水含水层以 0.08、0.16、0.24、0.33 为界限值,将其富水性由弱到强依次划分为富水性相对弱区、富水性相对较弱区、富水性中等区、富水性相对较好区和富水性相对好区,如图 5-6 所示。

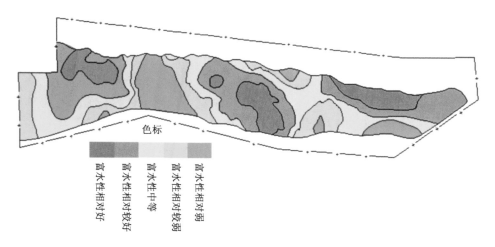

色标

富水性相对好　富水性相对较好　富水性中等　富水性相对较弱　富水性相对弱

图 5-6 8 煤顶板直接充水含水层富水性分区图

5.3.2 顶板冒裂安全性分区

冒裂安全性用来评价导水裂隙波及间接充水含水层的可能性。根据导水裂隙带计算结果可知,井田范围内8煤开采引起的导水裂隙带发育高度不会沟通白垩系含水层,为安全区;开采8煤局部地段仅沟通到直罗组七里镇砂岩,七里镇砂岩富水性弱至中等,静储量大,一旦导水裂隙波及该含水层,则有突水危险,此范围内的顶板冒裂分区属于危险区。为了更加直观地判别开采8煤冒裂安全性,我们统计了导水裂隙带发育高度距离直罗组七里镇砂岩底板的距离,距离越小说明顶板冒裂的危险性越大(表5-14)。

表 5-14　8煤导水裂隙带高度距离直罗组的距离

序号	钻孔	与直罗组距离/m	序号	钻孔	与直罗组距离/m	序号	钻孔	与直罗组距离/m
1	ZK802	70.08	16	1502	−10.87	31	1902	−23.19
2	1006	104.87	17	Z6	−16.93	32	2004	46.75
3	1004	58.65	18	S1	−12.40	33	Z12	50.01
4	1104	108.43	19	1604	81.10	34	2102	−43.84
5	1102	−35.65	20	1704	18.21	35	Z16	36.55
6	B-13	−23.40	21	1702	−11.85	36	2204	1.87
7	S3	16.65	22	B-8	−32.00	37	2205	38.80
8	S5	94.17	23	Z15	91.75	38	B-1	−12.20
9	1304	7.95	24	Z10	70.54	39	Z2	−40.68
10	Z9	36.00	25	ZK1802	0.00	40	2403	−22.02
11	B-11	54.55	26	Z14	28.86	41	2404	37.70
12	1403	−29.52	27	B-6	−18.70	42	Z1	51.00
13	Z7	−30.53	28	B-7	0.00	43	2604	−47.08
14	B-10	−4.10	29	1904	95.02	44	X6	−34.20
15	1504	−30.55	30	Z13	69.87			

注:负值表示导水裂隙带沟通到直罗组七里镇砂岩。

煤层顶板开采后冒落裂隙带发育高度主要与煤层厚度以及煤层顶板覆岩的抗压强度有关,同一煤层开采后顶板的冒落裂隙带发育高度主要和煤层的厚度相关,开采煤层越厚,开采后煤层顶板的冒落裂隙带发育高度越大,反之就越小。

根据表5-14数据绘制8煤直接顶板冒裂安全性分区图(图5-7),其构造划分为潜在危险区。

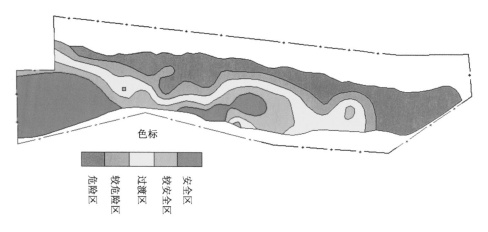

色标

危险区　较危险区　过渡区　较安全区　安全区

图 5-7　8 煤直接顶板冒裂安全性分区图

5.3.3　突水危险性综合分区

煤层顶板充水条件综合分区图通过叠加煤层顶板充水含水层富水性分区图和煤层开采顶板充水含水层冒裂安全性分区图得到综合分区图。综合分区图根据突（涌）水危险性大小共分为五个区：安全区、较安全区、过渡区、较危险区、危险区。

其理论依据是开采冒落裂隙带发育到充水含水层的底板标高以上，且触及的部位充水含水层富水性强，足以引起相当规模的矿井突（涌）水，亦即"三图法"评价顶板水害的核心思想。

开采煤层的突水条件分析包括两个方面的内容：

（1）充水含水层冒裂安全性分区，是决定开采煤层形成的导水裂隙带能否导通顶部充水水源的关键，这是导致突水事件发生的必要条件而不是充分条件。

（2）在满足第一方面条件的基础上，煤层顶板充水水源富水性综合分区是决定突水量大小的条件。若是富水性弱的地段，即使导水裂隙带能导通含水层，也不会造成大的危害；只有在富水性强的地段，导水裂隙带又导通顶部充水含水层，才会造成大的水害事故。因此，将富水性分区与冒裂顶板安全性分区图进行叠加，可以得到煤层顶板突（涌）水条件下直接充水含水层的综合分区图。

在 ArcGIS 地理信息系统平台上将 8 煤顶板充水含水层富水性分区图和 8 煤开采顶板冒裂安全性分区图进行叠加，得到 8 煤顶板突（涌）水危险性综合分区图（图 5-8）。

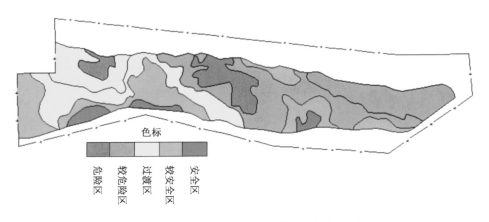

图 5-8　8 煤顶板突(涌)水危险性综合分区图

5.4　技术探讨与实例分析

5.4.1　技术探讨

（1）砂岩含水层富水性不均一

含水层富水性评价与预测是矿井水害防治工作中十分重要且具有基础性意义的工作，是矿井生产系统特别是防排水系统设计及水害防治技术方案与技术路线选择的基础。一些教材上将岩层富水性定义为岩层所能给出水的能力。煤地质学上定义为单位时间内开采钻孔可能从含水层中得到的水量，取决于含水层的岩性、厚度、地质构造和补给条件等。煤系地层充水含水层类型多、条件复杂，特别是泥砂质交互沉积型含水层，其渗透性的高度非均质、各向异性和非连续性等特点造成含水层富水性极不均匀，甚至同一含水层没有统一的地下水水头面。

（2）主观性与客观性相结合确定权重值

层次分析法首先建立层次结构模型，包括目标层、准则层、决策层，采用"征集专家评分"的方法，按 1-9 标度构建 AHP 判断矩阵，如果参量较少，可以不再构造判断矩阵，"专家评分"即是权重。

（3）冒裂安全性评价区间范围大

冒裂安全性评价依据的是煤层与含水层之间隔水层厚度与导水裂隙高度的差值。煤层与间接顶板含水层之间角度不整合接触时，煤层（隐伏）露头处隔水层厚度为零（图 5-9 中的 A 点），此时的差值为负的数十米；深部煤层与含水层之间隔水层厚度可达数百米，从负的数十米至正的数百米，区间范围过大，影响评价的灵敏度。

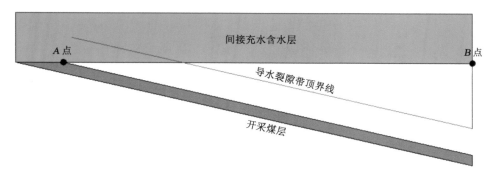

图 5-9　煤层与充水层空间关系

（4）不同的属性不宜叠加

含水层富水性和导水通道是评价顶板突水的两个关键要素，分属于不同的两个属性。

《煤矿防治水细则》提供了"三图-双预测法"技术，综合砂岩厚度、脆塑性比值、涌水量、渗透系数、裂隙率、冲洗液消耗量、岩芯采取率等 6 种以上地学信息评价地层的富水性；依据导水裂隙带与煤层顶板到含水层之间隔水岩层厚度的差值进行冒裂安全性分区，解决了导水通道问题。这里必须明确富水性评价的对象是顶板直接充水含水层，导通性评价对象则是顶板上间接充水含水层，将两者叠加后所代表的地质意义不清。

如图 5-10 所示，煤层直接顶板富水性弱；间接顶板中砂岩呈透镜体状分布，富水性中等。直接顶板沉积厚度不稳定，A 工作面导水裂隙发育不到间接顶板，虽然 A 工作面上方的间接顶板富水性较强，但因缺少通道条件，故不会突水；B 工作面导水裂隙发育不到间接顶板，且 B 工作面上方的间接顶板富水性弱，因此也不会突水；C 工作面导水裂隙波及间接顶板，且波及的范围内富水性较强，所以会发生突水。

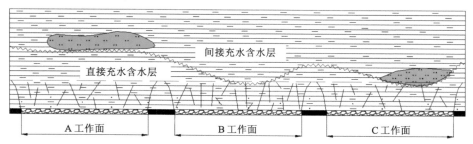

图 5-10　导水裂隙与间接充水含水层关系

设间接顶板内存在砂岩含水体时,富水性指数设为 1,反之为 0;设导水裂隙发育到间接顶板时导通系数为 1,反之为 0;权重值均为 0.5。按照富水性分区图与冒裂安全性分区图叠加评价,可以得到:

A 工作面突水危险性综合评价:$1 \times 0.5 + 0 \times 0.5 = 0.5$;

B 工作面突水危险性综合评价:$0 \times 0.5 + 1 \times 0.5 = 0.5$;

C 工作面突水危险性综合评价:$1 \times 0.5 + 1 \times 0.5 = 1$。

根据评价结果,C 工作面会发生突水;A、B 工作面可能突水,也可能不突水。可见,将两种不同属性的地学因素叠加是不妥当的。

（5）强调目标层段概念

理论导水裂隙带顶部如果有一定厚度的泥质隔水岩层存在,只要能抵抗上部砂岩水静水压力,即可以阻止水入渗采场,因此目标层段与导水裂隙带基本一致。导水裂隙带高度可以采用工程实测、相似材料模拟试验、数值模拟等方法确定,《建筑物、水体、铁路及主要井巷煤柱留设与压煤开采规范》也提供了导水裂隙带经验公式。经验公式在不同矿区应用会有一定误差,工程探测或其他手段得到的计算公式也未必精准,但只要做到"灵活"运用,经验公式仍是首选。为弥补这种误差,适当增加目标层段的厚度是必要的,即以经验公式计算得到的导水裂隙带高度为基础,另加 1～4 倍采高。1～4 倍采高相当于保护层厚度,此时目标层段相当于防水煤(岩)柱高度(图 5-11),但与传统意义有所不同。

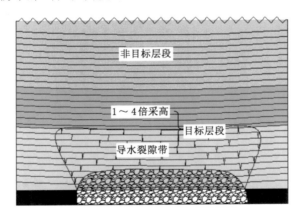

图 5-11　目标层段示意图

煤层顶板富水性评价的实质是目标层段富水性分布规律的评价,即受采动影响范围内地层的富水性评价,因此所采用的参数必须受控于目标层段,目标层段以外的参数不具有横向可比性,不应采信。

将砂岩层厚度作为富水性主控因素之一时,通常统计的是一套地层内砂岩总厚度,而地学意义上的一套地层厚度可达数十至数百米,显然其中部分含水层不受采矿扰动影响,不在目标层段内。如图 5-12 所示,研究区煤层顶板(延安组)地层厚度 238.5 m,含水砂岩 8 层(Ⅰ～Ⅷ),隔水泥岩 8 层(Ⅰ～Ⅷ)。采用综合机械化采煤法,设计一次采全高 4.5 m,采用经验公式计算目标层段为68.0 m,包含着 4 个隔水层、5 个含水层,第Ⅴ隔水层以上的含水层(Ⅴ～Ⅷ)水无法进入采场,含水层厚度即Ⅰ～Ⅳ砂岩累加的厚度。

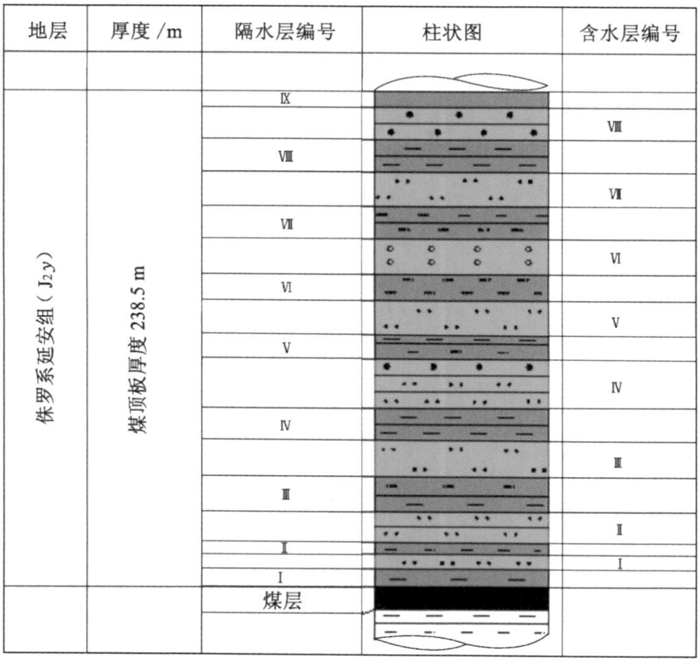

地层	厚度/m	隔水层编号	柱状图	含水层编号
侏罗系延安组(J₂y)	煤顶板厚度 238.5 m			

图 5-12　含水层与隔水性

（6）砂地比

有文献以砂泥比表述,但含意差别很大。砂泥比,即目标层段内砂岩与泥质岩石厚度之比。理论上,目标层段内均为泥质岩石时,砂泥比为 0,目标层段内均为砂岩时,比值为∞,取值区间过大,影响其与其他参数进行合理加权计算。

砂地比,即目标层段内的砂岩层累加厚度与目标层段厚度之比,取值区间为0～1,便于绘制等值线图。也有文献将砂地比表述为脆塑性比值、脆性岩石含量指数等。

（7）单位涌水量

抽水试验得到的单位涌水量（q）最能直接表征地层的富水性。生产矿井经历普查、详查、精查、补充勘探等勘探阶段，同一含水层各个勘探阶段抽水试验层段可能不统一，同一期勘探各个钻孔抽水试验层段也会有很大差别，有时包含着非扰动部分地层，致使单位涌水量横向可比性不高。如图 5-13 所示，只有 Z2 孔抽水层段与目标层段基本对应，其他 3 个钻孔取得的数据不宜采用。

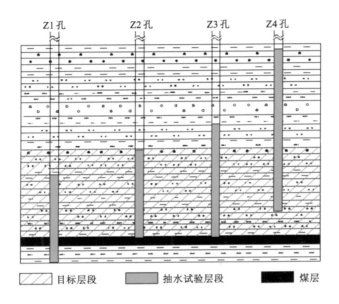

图 5-13 目标层段与抽水试验层段

（8）渗透系数

渗透系数（K）也称为水力传导系数，在各向同性介质中，定义为单位水力梯度下的单位流量，表示流体通过孔隙骨架的难易程度，因此经常作为含水层富水性评价的一个参量。

（9）冲洗液消耗量

理论上，冲洗液消耗量反映的是地层中有效孔隙或裂隙发育程度，代表的是有效储水空间大小，有时也用来评价地层富水性。利用该参量时必须限定在目标层段内，可以是单位进尺消耗量，也可以是目标层段内总消耗量，以前者较为合理。需要注意的是，冲洗液消耗量刻画储水空间条件，储水空间内不一定充水；生产矿井部分煤层已经采空，覆岩裂隙发育情况被人为改变；限于现场观测条件，冲洗液消耗量数据可靠性也不是很高。

（10）岩石质量指标（RQD）

用直径为 75 mm 的金刚石钻头和双层岩芯管在岩石中钻进，连续取芯，回次钻进所取岩芯中，长度大于 10 cm 的岩芯段长度之和与该回次进尺的比值称为岩石质量指标（RQD 值），以百分比表示。RQD 值越小，表明岩石完整程度越差，构造裂隙可能更发育，可以间接反映岩层的储水能力，也常作为地层富水性评价的一个参量。

近年来，随着地球物理测井技术的进步，为缩短勘探工期、节约勘探成本，越来越多采用无芯或部分无芯钻进方法，RQD 数据量不是很丰富，且受人为因素影响较大。

（11）裂隙率

裂隙率，即岩石中裂隙的体积与包括裂隙在内的岩石体积之比（体积裂隙率）。野外工作时，一般测定岩层的面裂隙率或线裂隙率。

除了专项科研需要外，采集岩芯并观测、统计裂隙率的做法不太现实，生产矿井一般不具备相关数据。

（12）构造分维

分形理论作为研究不规则形体的自相似性及其复杂程度的理论，为构造地质学的研究提供了一种新方法，拓宽了构造地质的研究领域。

随着分形几何学等非线性理论的发展及其在地质学中的广泛应用，为地质构造空间分布和几何结构特征的定量表征提供了新的手段，也为构造裂隙型水害研究提供了新的思路，构造场包括断层、褶曲、陷落柱、煤层隐伏露头线等。

构造场以构造-煤层交面线为基准，其他参量均应限制在目标层段内。

总之，大多数地学参数数据量较小，尤其受目标层段约束后，可用的数据更少，对于数十甚至上百平方千米的地层，数据量极少的地学信息对富水性规律评价的"贡献"不大，反而因为需要进行归一化处理以消除量纲、量级差别、权重值分配，增加了应用的难度，影响在基层单位的普适性。

5.4.2　应用实例

（1）研究区概况

内蒙古上海庙矿区某矿井田面积 43.75 km²，侏罗纪延安组 2 煤为主采煤层，煤层厚度 1.5～9.2 m，平均 6.1 m，赋存面积约 28.5 km²。地层由下至上简述如下：

三叠系延长组为煤系地层基底，厚度大于 500 m，岩性以绿灰、黄绿、灰白色砂岩、粉砂岩为主，富水性极弱。侏罗系延安组，岩性以灰白色砂岩、灰及深灰色粉砂岩、泥岩为主，平均厚度 353.5 m，砂岩层含水，富水性不均。侏罗系直罗组平均厚度约 243.2 m,以紫红、灰绿、蓝灰色泥岩、粉砂岩、细粒砂岩为主,底部含砾粗粒砂岩较发育,富水性中等。白垩系志丹群平均厚度 251.6 m,上部为灰白色、褐黄色细至粗砂岩,下部为巨厚层砾岩,富水性中等。新近系平均厚度 103.1 m,灰白色砾岩夹砖红色泥岩薄层。第四系风积砂平均厚度 35.9 m。井田地层综合柱状图如图 5-14 所示。

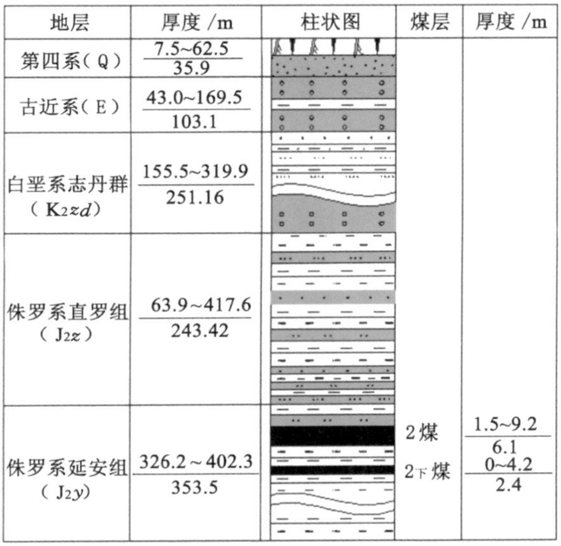

地层	厚度/m	柱状图	煤层	厚度/m
第四系(Q)	$\dfrac{7.5\sim62.5}{35.9}$			
古近系(E)	$\dfrac{43.0\sim169.5}{103.1}$			
白垩系志丹群 (K$_2$zd)	$\dfrac{155.5\sim319.9}{251.16}$			
侏罗系直罗组 (J$_2$z)	$\dfrac{63.9\sim417.6}{243.42}$			
侏罗系延安组 (J$_2$y)	$\dfrac{326.2\sim402.3}{353.5}$		2 煤 2$_下$煤	$\dfrac{1.5\sim9.2}{6.1}$ $\dfrac{0\sim4.2}{2.4}$

图 5-14　井田地层综合柱状图

2 煤上距直罗组地层 7.8～46.3 m,平均 21.3 m,2 煤开采影响到煤层顶板(延安组)地层和直罗组下部部分地层。该区为典型的肿胀性软岩,砂岩遇水崩解,容易突水溃砂;泥岩吸水泥化,制约生产效率,需要掌握煤层顶板富水规律,指导疏放水工程设计。

(2)确定目标层段

井田内 31 个钻孔揭露 2 煤层,煤层厚度 1.5～9.2 m,平均 6.1 m;综采设备最小采高 2.8 m,最大采高 6.0 m。目标层段为 37.48～57.92 m,目标层段不是等厚地层体,是一个底界面随煤层顶板起伏、厚度不等的曲面体(图 5-15)。

(3)富水性评价参数分析

井田内开展过二维地震勘探、三维地震勘探,构造控制程度较高,钻探工程经历过 4 个阶段,现对可采信的数据(表 5-15)分析如下:

图 5-15   目标层段厚度等值线图

表 5-15   地质参数分析

钻孔编号	抽水试验层段	抽水段高/m	备注	钻孔编号	抽水试验层段	抽水段高/m	备注
2615	白垩下部＋直罗上部	120.3	混合抽水,不采用	2611	煤层顶板	48.1	采用
2411	白垩下部＋直罗上部	118.6	混合抽水,不采用	2815	煤层顶板	51.5	采用
2817	煤层顶板＋煤层底板	87.1	混合抽水,不采用	3215	煤层顶板	49.4	采用
2413	煤层顶板	53.2	采用	3413	煤层顶板	50.8	采用

① 砂岩层厚度:共31个钻孔穿过2煤层,均进行了地球物理测井,岩性信息量大,共31个数据,可作为富水性评价的主控因素。

② 砂地比:与砂岩层厚度相对应,共31个数据,可作为富水性评价的主控因素。

③ 单位涌水量(q):8个钻孔做过抽水试验,其中2孔为白垩系和直罗组地层混合抽水试验,1孔为煤层顶底板混合抽水试验,数据不予采用。其余5个孔抽水试验层段与目标层段基本相对应,可作为富水性评价的主控因素。

④ 渗透系数(K):与单位涌水量相对应,共有5个数据,可作为富水性评价的主控因素。

⑤ 构造分维:构造查明程度较高,构造分维可作为富水性评价的主控因素之一。

其他如 RQD 值、裂隙率、冲洗液消耗量等,或者没有数据,或者数据量太少,或者数据可靠性低,均不能采信。本例选取构造分维、砂地比、砂岩厚度、单位涌水量、渗透系数共同作为煤层顶板富水性评价因素。

(4) 构造分维等值线图

以 200 m 为边长,将井田划分为 816 个正方形块段,以每个正方形中心点坐标为数据点坐标。根据构造纲要图,计算得到 816 个构造分维值,得构造分维等值线图(图 5-16)。需要说明的是,煤层隐伏露头附近风化裂隙发育,富水性较好,将煤层隐伏露头线、断煤交面线共同作为构造处理。

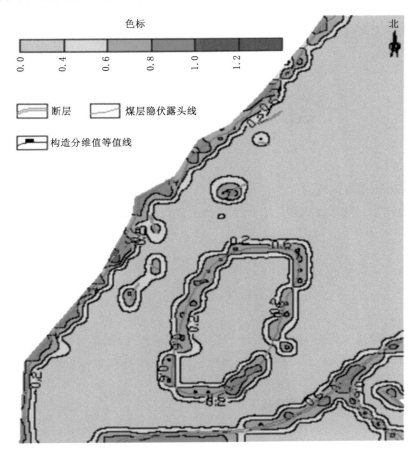

图 5-16 构造分维值等值线图

（5）含水层厚度等值线图

根据钻孔柱状图上的岩性信息，计算目标层段内砂岩层（含水层）累加厚度，绘制含水层厚度等值线图（图 5-17）。

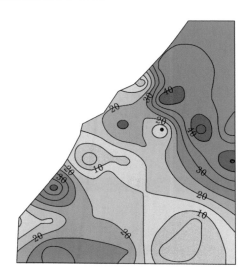

图 5-17　含水层厚度等值线图

（6）砂地比等值线图

砂地比是目标层段内砂岩总厚度与目标层段厚度的比值，计算公式如下：

$$B_i = \frac{M_c}{H_m} \tag{5-4}$$

式中　　B_i——砂地比，无量纲；

　　　　M_c——目标层段内砂岩总厚度，m；

　　　　H_m——目标层段厚度，m。

延安组和直罗组地层水文地质条件相似，忽略地史学意义上地层分界的概念，将目标层段内所有岩层视为同一套地层进行富水性评价。根据计算结果绘制砂地比等值线图（图 5-18）。

（7）单位涌水量与渗透系数等值线图

单位涌水量和渗透系数各有 5 个数据，见表 5-16。

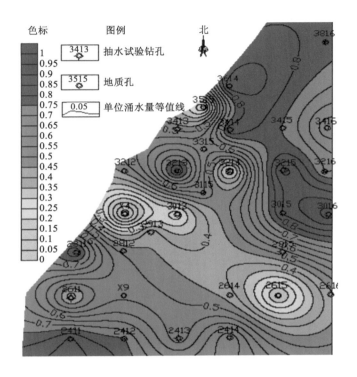

图 5-18 砂地比等值线图

表 5-16 单位涌水量与渗透系数

钻孔编号	2413	2611	2815	3215	3413
单位涌水量 /[L/(s·m)]	0.046 2	0.032 3	0.047 1	0.082 6	0.043 5
渗透系数/(m/d)	0.069 1	0.049 3	0.071 5	0.124 1	0.065 4

采用克里金插值方法绘制单位涌水量等值线图(图 5-19)和渗透系数等值线图(图 5-20)。

(8)多因素融合

① 权重确定

层次分析确定权重的第 1 步是"专家评分",本例决策层参数种类少,因此直接采用"专家评分"方法赋值,见表 5-17。

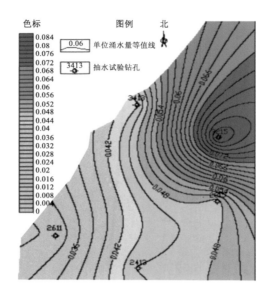

图 5-19   单位涌水量等值线图

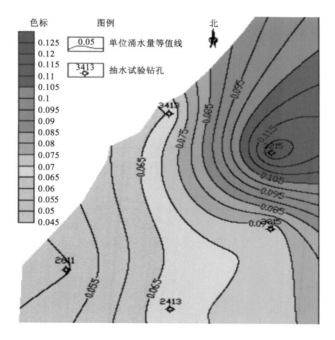

图 5-20   渗透系数等值线图

表 5-17　权重分配表

参数类别	含水层厚度 /m	砂地比	单位涌水量 /[L/(s·m)]	渗透系数 /(m/d)	构造分维
权重	0.3	0.25	0.15	0.15	0.15

② 归一化处理

各地学参数量纲和数量级不同,需要归一化处理,使数据具有可比性和统计意义。

③ 数据叠加

构造分维共有 816 个数据(816 个块段),砂地比共有 31 个数据(31 个钻孔),单位涌水量、渗透系数各有 5 个数据。

各参数数据量不等,数据坐标点也不对应,一般采用 GIS 地理信息系统进行矢量叠加。基层工程技术人员如果不能熟练操作该系统,推荐如下方法进行数据叠加和坐标点统一:

第 1 步:将 816 个构造分维数据点投影到含水层厚度、砂地比、单位涌水量、渗透系数等专题图上。

第 2 步:在各种专题图上读取各点相应参数值,记入 Excel 表格内,实现数据量一致、数据点坐标统一。

第 3 步:各参数乘以相应的权重值后相加,实现数据叠加,得到富水性综合指数,公式如下:

$$F_{zhi} = \sum_{i=1}^{n} W_i A_i \tag{5-5}$$

式中　F_{zhi}——富水性综合指数;

　　i——参数序号,$i=1\sim816$;

　　n——参数个数,本例为 5;

　　W_i——第 i 个参数的权重值;

　　A_i——第 i 个参数的归一化值。

第 4 步:将富水性综合指数导入 Surfer 绘图软件,插值得到评价成果图(图 5-21)。

(9) 效果验证

该矿为新建矿井,南北两翼交替回采。2018 年 10 月底,1121 工作面回采结束;2019 年 12 月上旬,1122 工作面回采结束。采用疏干开采措施,回采过程中顶板无淋水、采空区无涌水,说明顶板水疏放彻底,具有可比性。

1121 工作面走向长 3 798 m,1122 工作面走向长 2 964 m,宽度均为 300 m,

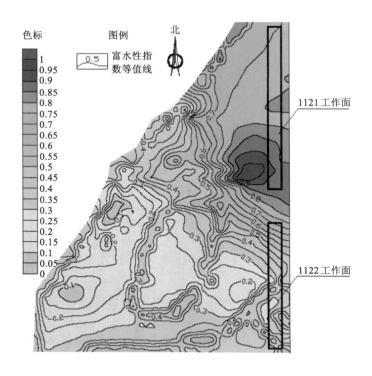

图 5-21　2 煤顶板富水性综合指数等值线图

煤层厚度 5.7～6.2 m,平均采高 6.0 m。在工作面上下顺槽内按 100 m 间距布置钻场,钻孔方位夹角 30°,平面上全覆盖;每个钻场内上层孔 12 个、下层孔 12 个,疏放水钻孔垂高统一为 55 m(煤层顶板上法线距离)。

1121 工作面共布置 76 个钻场,总放水量 296 538 m³,平均单个钻场放水 3 902 m³;1122 工作面共布置 60 个钻场,总放水量 78 649 m³,平均单个钻场放水 1 311 m³。

从工作面中部作一条剖面线,依据图 5-21 绘制富水性指数变化曲线(图 5-22 中的红色曲线);将上下顺槽内对应位置的两个钻场放水量相加,绘制疏放水量变化曲线(图 5-22 中的黑色曲线),两条曲线叠合得图 5-22。

由图 5-22 可以看出:1221 工作面两条曲线变化趋势高度吻合;1222 工作面两条曲线变化趋势总体一致,离散度偏高,说明富水性指数仅能代表富水性相对强弱,不能定量化评价。

该矿为新建矿井,1221、1222 工作面是矿井最早开采的两个工作面,含水层富水性尚未受到大面积开采的影响,富水性评价更能反映原始条件。

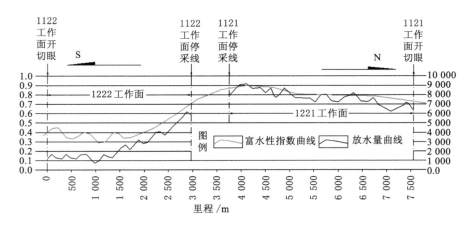

图 5-22　富水性指数与放水量相关性曲线图

（10）结论

① 目标层段将富水性评价与采矿实践密切结合,富水性评价的本质是目标层段的富水性评价,地勘工作应将目标层段作为重点勘探对象。

② 实践中各种地质参数同时具备的案例极少,通常只有部分参数具有较好的可比性,层级结构简单,"专家评分"方法一步到位给各参数分配权重为宜,无须增加复杂的计算过程。

③ 应用实例表明,选用的构造分维、单位涌水量、渗透系数、砂岩层厚度、砂地比等地质参数均与目标层段基本对应,虽然参数较少、数据量小,但由于所选数据均限定在目标层段内,因而可靠性高、评价效果较好。

第6章 基于"多类型'四双'工作法"的顶板突水危险性研究

多类型"四双"工作法,简称 MTFD 工作法。依据煤层与上部岩层(含水层)之间空间组合关系以及岩层自身富水性强弱,将顶板水害分为 A、B、C、D 四种评价类型,确定了每种类型的评价对象和评价准则,形成了完整的技术评价路线。所谓"四双",即双表、双指数、双图、双预测。

双表:基于钻孔柱状图信息建立基础数据表和工作表,作为评价和预测工作的数据源,在表内完成评价的计算任务。

双指数:富水性指数用来评价富水性条件,指数越大则富水性越强;突水危险性指数用来评价通道条件,最小值为—1,当指数为负值时其绝对值越大危险性越大,指数为正值危险性较小,数值越大危险性越小。

双图:利用计算得到的富水性指数绘制富水性等值线图,评价富水性相对强弱;利用计算得到的突水危险性指数绘制突水危险性等值线图,评价通道含水层的风险大小。

双水量:采取疏干法开采时,疏干水量可以作为采前安全评价的量化判据;涌水量可以作为传统涌水量预计方法的补充。

6.1 评价类型划分与评价技术路线

6.1.1 评价类型划分

根据开采的煤层与上部岩层(含水层)之间空间组合关系以及岩层自身富水性强弱,可分为 A、B、C、D 四种评价类型。

A 型:直接顶板为砂岩含水层,富水性不均;直接顶板厚度远大于导水裂隙发育高度,即导水裂隙波及不到间接顶板,无论间接顶板富水性如何,均不予考虑(图 6-1)。

B 型:直接顶板、间接顶板均为砂岩含水层,富水程度相似;导水裂隙有时波及间接顶板(图 6-2)。

C 型:直接顶板为隔水层,间接顶板为砂岩含水层,富水性不均;导水裂隙部分波及间接顶板(图 6-3)。

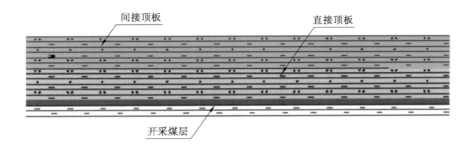

图 6-1　评价类型 A

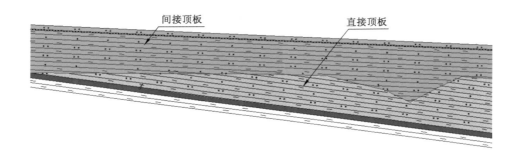

图 6-2　评价类型 B

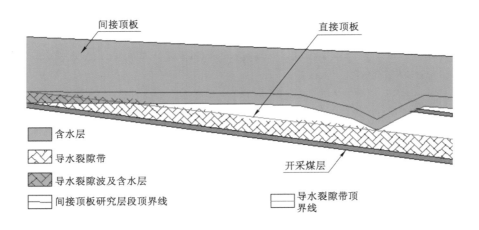

图 6-3　评价类型 C

D型：直接顶板为隔水层，厚度不稳定，有时导水裂隙可以波及间接顶板；间接顶板富水性好，可以是砂岩含水层、老空水体、地表松散含水层甚至是地表水体等（图6-4）。

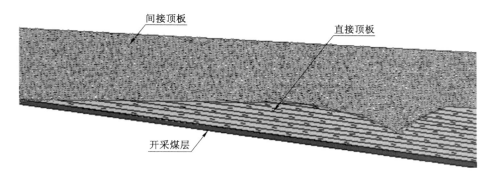

图 6-4　评价类型 D

6.1.2　评价方法与准则

适用条件、评价内容、评价方法、评价准则等见表6-1。

表 6-1　多类型评价方法与准则说明

评价类型	适用条件	评价内容	评价方法	评价准则
A 型	直接顶板为砂泥质互层型沉积构造，富水性不均；导水裂隙波及不到间接顶板，无须考虑间接顶板的富水性	直接顶板突（涌）水危险性	运用富水性指数，绘制直接顶板富水性等值线图	采掘活动位于相对富水区，则突（涌）水
B 型	直接顶板和间接顶板均为砂泥质互层型沉积构造，富水性相似，但不均，不再区别直接顶板或间接顶板，视为一套地层来评价	评价顶板突（涌）水危险性	运用富水性指数，绘制煤层顶板富水性等值线图	采掘活动位于相对富水区，则突（涌）水
C 型	直接顶板富水性弱，视为隔水层；间接顶板为砂泥质互层型沉积构造，富水性较好，但不均	间接顶板突（涌）水危险性	运用富水性指数绘制间接顶板底部层段富水性等值线图；运用突水危险性指数绘制突水危险性等值线图	采掘活动同时位于富水区和突水危险区，则突（涌）水

表 6-1(续)

评价类型	适用条件	评价内容	评价方法	评价准则
D 型	间接顶板为强含水层(如第四系松散层、岩溶发育的灰岩、采空区积水体、地表水体等);直接顶板为隔水岩层,但厚度不稳定	间接顶板突(涌)水危险性	运用突水危险性指数绘制突水危险性等值线图	采掘活动位于突水危险区,则突(涌)水

6.1.3 评价技术路线

A、B 两种类型均采用富水性等值线图评价(单图评价),C 型采用富水性等值线图和突水危险性等值线图共同评价(双图评价),D 型采用突水危险性等值线图评价(单图评价),如图 6-5 所示。

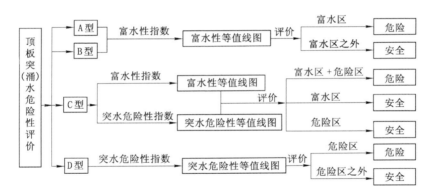

图 6-5 顶板突(涌)水危险性评价技术路线

6.2 建立双表

6.2.1 基础数据表

基础数据表第一列为标志层,如含水层、煤层、地层分界等。

钻孔编号按行排列,每个钻孔占用三列,分别填写岩性、层厚、底板埋藏深度(或标高)等数据。

两个标志层之间岩层层数不一致时,层数少的保留空格,以确保同一标志层在同一行上对齐,便于后期工作。

通过基础数据表,可以将全井田钻孔地层信息集中到一张表格上,便于保存和查阅,见表 6-2。

表 6-2　基础数据表

标志层	Z1 孔			Z2 孔			Z3 孔			Z4 孔			…
	岩性	层厚/m	底板埋深/m	岩性	层厚/m	底板埋深/m	岩性	层厚/m	底板埋深/m	岩性	层厚/m	底板埋深/m	…
标志层 1													
标志层 2													
标志层 3													
⋮													

6.2.2　工作表

工作表第一列为钻孔编号,一个钻孔的数据占据一行。

第二、第三列填写孔口坐标(x,y),便于计算目标层的埋藏深度或标高。

含水层底板埋深填入第四列。

评价的对象(即开采煤层)占用 4 列,分别填入煤层底板埋深、煤层到上覆含水层距离、煤层厚度、设计采高。

后续依次为 H_d、H_b、H_{y1}、d_x、d_f、H_{y2}、M_c、F_i、T_i,分别代表导水裂隙高度、保护层厚度、理论目标层段、修正值、附加值、实际目标层段、砂岩厚度、富水性指数、突水危险性指数,在相应单元格内输入公式即可完成评价工作所需的数据,见表 6-3。

表 6-3　工作表

钻孔编号	孔口坐标		含水层1底板埋深/m	开采煤层				H_d/m	H_b/m	H_{y1}	d_x	d_f	H_{y2}	M_c/m	F_i	T_i	…
	x/m	y/m		底板埋深/m	煤至含水层1距离/m	煤层厚度/m	设计采高/m										
Z1																	
Z2																	
Z3																	
Z4																	
⋮																	

6.3　计算双指数

6.3.1　富水性指数

富水性指数是表征地层富水性相对强弱的参数,富水性指数越大表示富水性越强,反之富水性越弱,富水性指数区间范围为 0～100。

富水性指数即目标层段内脆性岩层(包括砾岩、粗粒砂岩、中粒砂岩、细粒砂岩)总厚度占目标层段厚度的百分比,基本公式为:

$$F_i = \frac{M_c}{H_y} \times 100\%$$　　　　　　(6-1)

式中　F_i——富水性指数,无量纲;

　　　M_c——研究层段内脆性岩层累加厚度,m;

　　　H_y——目标层段厚度,m。

式(6-1)中,分子为脆性岩石,分母包括脆性岩石和塑性岩石两部分,因此公式本身包含了砂岩厚度和脆塑性比值两种地学信息,可以省去多源信息归一化处理和复合叠加的复杂过程。

富水性指数计算过程如下:

(1) 设定采高(M)

实践中采高决定着导水裂隙发育高度,而采高经常与煤层厚度不相等,采高受到煤层厚度、支架选型、刮板运输机能力、破碎机能力、带式运输机能力等匹配度制约,因此不可直接将煤层厚度代入公式计算。如 ZY900-18-40 型综采支架,最大采高 3.8 m(保留 0.2 m 活柱),最小采高 2.2 m(便于煤机通过),无论煤层厚度变化多大,采高的区间范围均以 2.2～3.8 m 为限。

(2) 公式选择

本书以上海庙矿区地层条件为例,选用经验公式中的软岩适用公式,也可通过现场实测或数值仿真模拟等方法确定计算公式。

$$H_d = \frac{100 \sum M}{\sum M + 5} \pm 4.0$$　　　　　　(6-2)

式中　H_d——导水裂隙高度,m;

　　　$\sum M$——累计采厚,m。

　　　± 4.0——安全系数,为增加安全系数,本书选取 +4.0。

(3) 保护层厚度(H_b)

直接将计算得到的导水裂隙高度作为研究层段,有可能导致研究范围偏小,因此"借用"保护层厚度适当扩大研究范围。这里所谓的"保护层"不是传统意义上的保护层，而是在经验公式计算结果可能偏小且没有更好手段的情况下，适当增加研究范围。本书设定保护层厚度为采高的 4 倍，各矿实际应用时不限于 4 倍的采高。

（4）修正值（d_x）

采高与煤层厚度不等时需要引入修正值进行调整，以便于统一目标层段的起始层位。沿煤层顶板回采时，$d_x=0$；留设顶煤回采时，顶煤视为隔水层，$d_x>0$；破顶板岩石回采时，被采出的岩石厚度为修正值，此时 $d_x<0$，如图 6-6 所示。

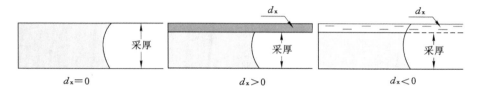

$$d_x=0 \qquad d_x>0 \qquad d_x<0$$

图 6-6　修正值示意图

（5）附加层厚度（d_f）

当研究层段上方相邻的岩层为砂岩时，将该层砂岩作为附加层厚度（d_f）计入目标层段。为区别于前文的研究层段，前者称为理论目标层段（H_{y1}），考虑附加层后称为采用目标层段（H_{y2}）。附加层厚度需要在基础数据表中获得，方法简单，不再赘述。最终研究层段构成如图 6-7 所示。

（6）目标层段起始位置。

A 型：从煤层顶板起向上计算；

B 型：从煤层顶板起向上计算；

C 型：从煤层间接顶板的底板起向上计算；

D 型：从煤层顶板起向上计算。

（7）砂岩厚度（M_c）

在基础数据表中，找到相应钻孔的相应煤层，从起始位置向上计算目标层段内砂岩层（包括粗砂岩、中砂岩、细砂岩、砾岩等）累加厚度，填入工作表相应单元格内。

（8）富水性指数

富水性指数计算公式最终可转化为：

$$F_i = \frac{M_c}{H_y} \times 100\% = \frac{M_c + d_f}{H_d + H_b - d_x + d_f} \times 100\% = \frac{\sum_{i=1}^{n} m_i}{H_d + H_b - d_x + d_f}$$

(6-3)

式中　F_i——富水性指数,无量纲;

　　　M_c——目标层段内砂岩累加厚度,m;

　　　H_y——目标层段,m;

　　　H_d——导水裂隙带高度,m;

　　　H_b——保护层厚度,m;

　　　d_x——修正值,m;

　　　d_f——附加层厚度,m;

　　　m_i——单层砂岩厚度($i=1,2,3\cdots$),m。

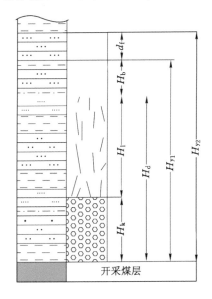

H_k—垮落带高度;H_1—裂隙带高度;H_d—导水裂隙带高度;H_b—保护层厚度;

d_f—附加层厚度;H_{y1}—理论目标层段;H_{y2}—实际目标层段。

图 6-7　目标层段构成

6.3.2　突水危险性指数

通常,我们采用地质剖面图判断导水裂隙是否波及上覆含水层,而绘制地质剖面图受钻孔数量和钻孔分布情况等限制。经验公式有时误差较大,因此工程探测和数值模拟等手段也未必能获得更加准确的计算公式。但我们可以把采用经验公式计算的导水裂隙带高度值作为虚拟"标尺",后期在生产实践中进一步修正这把"标尺"。

(1)突水危险性指数概念

突水危险性指数是衡量间接充水含水层水涌入采场可能性大小的参数。

"0"值为临界值,指数为正数且数值越大突水危险性越小,指数为负数且绝对值越大突水危险性越大,其实质是通过衡量导水裂隙波及上部含水层可能性大小来评价突水可能性大小。

(2) 计算公式

如果不考虑其他因素,突水危险性指数计算公式为:

$$T_i = \frac{H_g - H_{fs}}{H_{fs}} \qquad (6-4)$$

式中　　T_i——突水危险性指数,无量纲;

　　　　H_g——隔水层厚度,即煤层顶板到上方含水层之间的距离,m;

　　　　H_{fs}——防隔水煤(岩)柱理论计算值,m。

这里也需要考虑修正值问题(方法同前),则式(6-4)可转换为:

$$T_s = \frac{H_g - H_d - H_b + d_s}{H_{fs}} \qquad (6-5)$$

式中　符号意义同前。

突水危险性指数的两极值区间较小,评价的灵敏度较高。

(3) 露头插值

以三维地震勘探成果图为基础,沿着煤层隐伏露头线选点,露头线越长、露头线越曲折,需要插入的点越多。在图上量取点的平面坐标填入表内,隔水层厚度均为零,故突水危险性指数均为−1。露头插值非常重要,缺少这一步则难以得到满意的成果图。

6.4　绘制双图

6.4.1　富水性指数等值线图

从工作表中提取富水性指数,将数据列表导入 Surfer 绘图软件,得到富水性等值线图。许多学者习惯设定阈值进行富水性分区,但由于地层富水性强弱是自然渐变的、相对的,因此采用等值线表征富水性强弱更加符合自然规律,充填颜色仅是为了直观需要。图 6-8 所示为新上海一号煤矿 8 煤直接顶板富水性等值线图。

6.4.2　突水危险性指数等值线图

将突水危险性指数列表导入 Surfer 绘图软件,得到突水危险性等值线图。侏罗系直罗组七里镇砂岩含水层为其上部间接充水含水层,导水裂隙局部波及该含水层。图 6-9 所示为 8 煤顶板直罗组突水危险性等值线图。为更加直观,$T_s \leqslant 0$ 区域以红色充填,表示导水裂隙能够波及该水层;$T_s > 0$ 区域以灰色充

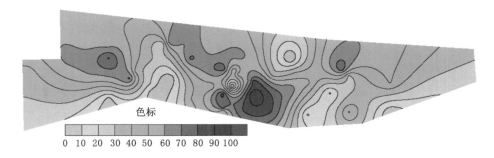

图 6-8　8 煤直接顶板富水性等值线图

填,表示导水裂隙波及该含水层的可能性小。这里以"0"值为临界值,实际应用时应结合生产实践,进一步修正本矿临界井突水危险指数。

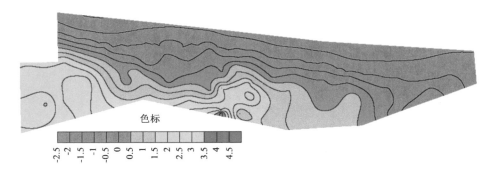

图 6-9　8 煤顶板直罗组突水危险性等值线图

6.5　双预测

双预测指采煤工作面疏干水量预测和采煤工作面涌水量预测。

6.5.1　工作面疏干水量

《煤矿防治水细则》第六十二条规定:"当煤层(组)顶板导水裂隙带范围内的含水层或者其他水体影响采掘安全时,应当采用超前疏放"。地质软岩条件下,水可引起围岩劣化效应,严重影响生产,因此必须彻底预先疏放。将疏放的水量与预计疏干水量进行比较,可以判断顶板砂岩水疏干程度,作为采前安全评价的量化判据。

（1）疏干水量概念

疏干水量指工作面顶板水经过超前疏放,生产过程中采空区无涌水、顶板无淋水,达到无水状态开采条件应该疏放的最大水量。这里强调地质软岩条件下开采需要预先疏干,其他条件下开采具备足够的排水能力时不一定要预先疏干。

(2) 疏干水量预计

疏干水量主要与富水性指数、开采面积、采高等因素相关,与疏干水量呈正相关。

新开采的煤层,第一个工作面经过预疏干达到无水状态开采的条件时,总疏放水量可实测,后续其他工作面均可采用下式预计疏干水量:

$$Q_{dc} = \frac{\overline{F}_{idc} \times S_{dc} \times \overline{M}_{dc}}{\overline{F}_{iyc} \times S_{yc} \times \overline{M}_{yc}} \times Q_{yc} \qquad (6-6)$$

式中　Q_{dc}——待采工作面预计疏干水量,m^3;

$\overline{F}_{idc}$——待采工作面平均富水性指数,无量纲;

S_{dc}——待采工作面面积,m^2;

$\overline{M}_{dc}$——待采工作面设计平均采高,m;

$\overline{F}_{iyc}$——已采工作面平均富水性指数,无量纲;

S_{yc}——已采工作面面积,m^2;

$\overline{M}_{yc}$——已采工作面实测平均采高,m;

Q_{yc}——已采工作面疏放水量,m^3。

6.5.2　工作面涌水量

无须进行疏干开采时,把预计疏干水量公式中疏放水量替换成涌水量,即可得到工作面涌水量预计公式。与传统的相似水文地质条件比拟法相比,引入了量化参数后,预计结果更趋近准确。涌水量预计采用下式:

$$Q_{dc}' = \frac{\overline{F}_{idc} \times S_{dc} \times \overline{M}_{dc}}{\overline{F}_{iyc} \times S_{yc} \times M_{yc}} \times Q_{yc}' \qquad (6-7)$$

式中　Q_{dc}'——待采工作面预计涌水量,m^3/h;

Q_{yc}'——已采工作面实测涌水量,m^3/h。

其他符号意义同前。

6.5.3　平均富水性指数求取方法

采煤工作面平均富水性指数可以按下列方法获取。

将巷道工程展绘于富水性等值线图上,每隔 50 m 画一条垂直于工作面顺槽的直线,每条直线与上下顺槽各有一个交点,按插值方法得到各交点上的富水性指数(图 6-10),求取其算术平均数,得到工作面的平均富水性指数。计算公式为:

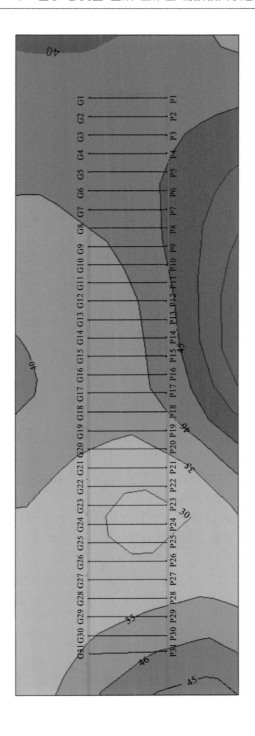

图 6-10　工作面平均富水性指数求取方法

$$\overline{F}_i = \sum_{i=1}^{n} f_i / n \quad (n=1,2,3\cdots) \tag{6-8}$$

式中　$\overline{F}_i$——工作面平均富水性指数,无量纲;

　　　f_i——第 i 交点上的富水性指数,无量纲。

6.6　应用实例

6.6.1　富水性评价

图 6-11 所示为新上海一号煤矿侏罗系延安组 8 煤 113082 工作面富水性指数等值线图,沿工作面中部切一条剖面得富水性指数变化曲线。

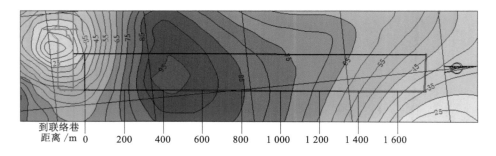

图 6-11　113082 工作面富水性指数等值线图

在工作面上下顺槽内按 100 m 间距布置钻场,钻孔方位夹角 30°,平面上全覆盖;每个钻场内上层孔 12 个、下层孔 12 个,疏放水高度统一为 55 m(煤层顶板上法线距离)。将上下顺槽内对应位置的 2 个钻场放出的水量相加,将放水量数据投绘到前述剖面上得到放水量曲线。

根据实测的钻孔放水量绘制放水量变化曲线,可以看出两条曲线具有高度正相关性(图 6-12),说明富水性评价方法是可行的。

6.6.2　疏干水量预计

榆树井煤矿 114152 工作面是侏罗系延安组 15 号煤层首采工作面,回采面积 300 772 m²,平均采高 3.6 m,平均富水性指数 36.99,共疏放水量 176 598 m³,实现了无水状态开采。

114151 工作面是 15 煤第二个采煤工作面,回采面积 431 048 m²,平均采高 3.5 m,平均富水性指数 39.86。

根据 114152 工作面疏放水量及其他参数,预计 114151 工作面的疏干水量为:

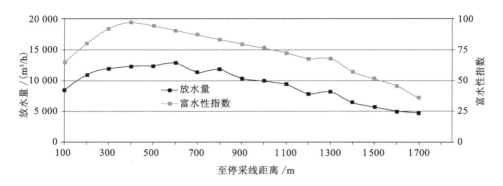

图 6-12　富水性指数与放水量叠合曲线

$$Q_{114152} = \frac{39.86 \times 431\,048 \times 3.5}{36.99 \times 300\,772 \times 3.6} \times 176\,598 = 265\,150\,(\text{m}^3)$$

114151 工作面实际疏放水量为 275 880 m³,生产过程中采空区无涌水、顶板无淋水,满足疏干水量预计条件。预计的水量与实际放水量相差 10 730 m³,偏差率 4%。

6.6.3　双图评价技术

新上海一号煤矿主采侏罗系延安组 8 煤,单斜构造,倾向东,煤层与上覆直罗组地层小角度不整合接触。8 煤直接顶板富水性弱,直罗组底部的七里镇砂岩为间接充水含水层,富水性中等,但富水性不均。8 煤已经回采 4 个工作面,唯有111084 工作面发生了严重的突水事故,总出水量约 23.3 万 m³,溃出泥砂量约 3.58万 m³。水化学联通试验表明,突水水源为直罗组的七里镇砂岩含水层水,评价类型属于 C 型,可采用双图分析其突水原因。图 6-13 所示为直罗组底部富水性指数等值线图,图 6-14 所示为 8 煤直罗组突水危险性指数等值线图。

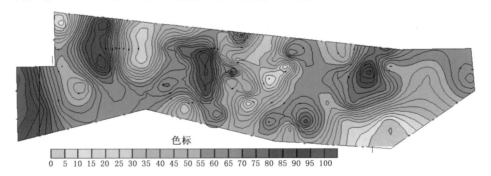

图 6-13　直罗组底部富水性指数等值线图

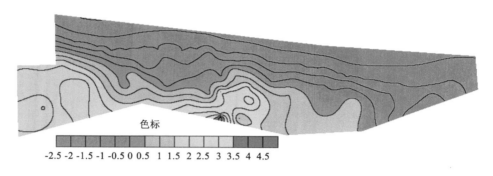

色标

-2.5 -2 -1.5 -1 -0.5 0 0.5 1 1.5 2 2.5 3 3.5 4 4.5

图 6-14　8 煤直罗组突水危险性指数等值线图

（1）导通性评价

计算得到全井田 8 煤直罗组突水危险性指数，绘制突水危险性等值线图（图 6-15）。111084 工作面突水危险性指数为负数，111082 工作面仅切眼附近小范围内突水危险性指数小于 0（-0.01 左右），113081 及 113082 工作面突水危险性指数均为正值。

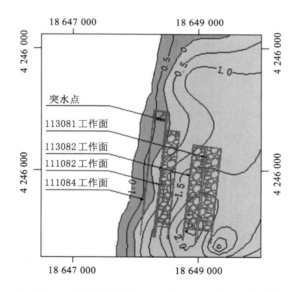

图 6-15　8 煤顶板直罗组含水层突水危险性等值线图

（2）富水性评价

直罗组地层作为间接充水含水层，只研究其下部地层的富水性，研究层段起止位置为直罗组地层底板。图 6-16 所示为直罗组下部等值线图。

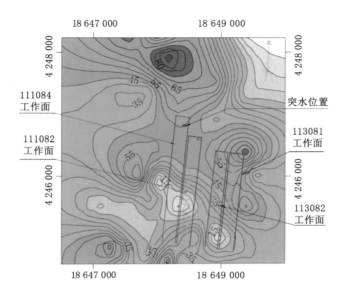

图 6-16　直罗组底部富水性等值线图

如果将阈值设定为 45,则富水性指数不小于 45,富水性相对较强,可以看出上述 4 个工作面均有一部分位于直罗组富水区下。

（3）突水原因分析

113081 及 113082 工作面均有一部分位于相对富水区,但均不在突水危险区内,因此直罗组水源没有进入采场。111084 工作面突水危险区与富水区大面积重叠,满足 C 型突水条件,因此引发了突水事故。111082 工作面极小范围突水危险区与富水区重叠,却没有突水,也说明了经验公式在不同矿区应用会有一定误差。矿井可以根据突水实例进行修正,如本例可以将突水危险性指数 -0.01 设为临界值。

（4）防治技术路线

间接顶板充水含水层突水危险性评价技术路线如图 6-17 所示。

6.6.4　山东济宁矿区应用

山东济宁矿区某煤矿设计生产能力 90 万 t/a,开采山西组 $3_上$ 煤层,平均厚度 1.6～2.4 m。煤层顶板砂岩为直接充水含水层,富水性不均一;煤系地层上覆石盒子组为隔水层;石盒子组上方侏罗系砂岩为间接充水含水层,富水性弱至中等,地层综合柱状图如图 6-18 所示。《矿井地质报告》预计矿井正常涌水量 146 m³/h,最大涌水量 178 m³/h。2007 年 7 月投产,首采区 6 个工作面涌水量均较大,其中 11305 工作面推进 80 m 时涌水量 450 m³/h,造成工作面被淹。通

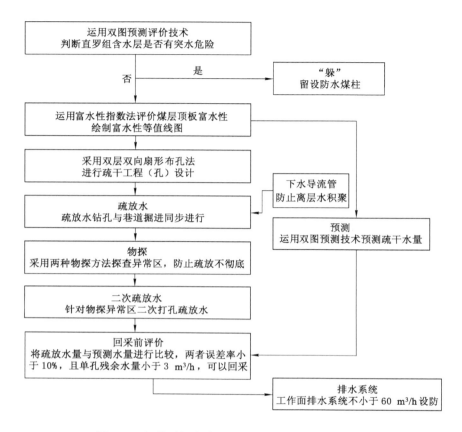

图 6-17　间接顶板含水层突水危险性评价技术路线

过水位观测、水化学联通试验、水质分析等，确定主要充水水源为煤层顶板砂岩水，上部侏罗系砂岩水通过刘官屯断层有少量补给。

采用富水性指数法得到煤层顶板砂岩富水性等值线图（图 6-19），从中可以看出富水区呈不规则带状分布：一采区富水性较强（指数值 30～40）；二采区靠近刘官屯断层附近，富水性较强（指数值 30～40），其余部分富水性较弱（指数值 10～30）；七采区富水性最弱（指数值 6～20）；三采区中部富水性最强（指数值 30～55）。

13301 工作面为三采区的首采工作面，走向长 1 160 m，倾斜宽 160 m，煤层平均厚度 2.15 m，上距侏罗系 76～140.54 m，层间距远大于导水裂隙发育高度。回采前总水量约 60 m³/h（巷道顶板淋水），推进 400 m 时水量增加到 120 m³/h；推进 520 m 时水量为 200 m³/h；推进 640 m 时水量为 690 m³/h；推

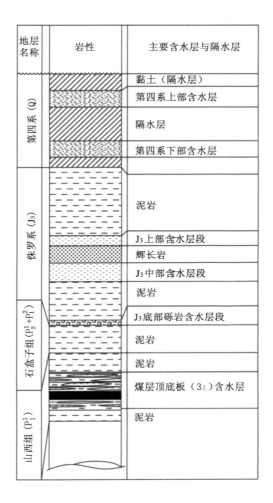

图 6-18 地层综合柱状图

进 760 m 时水量达到 920 m³/h 的峰值。根据图 6-19,该工作面所处位置富水性最好,预计涌水量较大,采取的措施有:工作面设计为伪俯斜开采,有利于自然泄水;加大了下顺槽水沟断面;扩大三采区泵房系统排水能力。由于预测到位、采取措施得当,工作面生产没有受水影响。首采区 6 个工作面已回采结束,涌水量均较大(120~450 m³/h);二采区已回采 8 个工作面,涌水量为15~45 m³/h;三采区已回采 6 个工作面,除了 13301 工作面水量达到920 m³/h 以外,后续回采的工作面水量为 50~150 m³/h;七采区已回采 3 个工作面,涌水量均不超过 10 m³/h;−650 m 采区未采动。

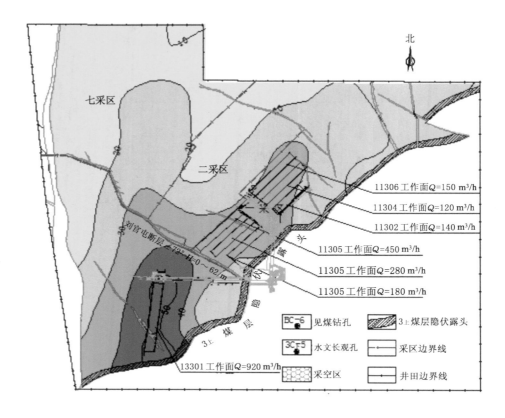

图 6-19　某煤矿 3$_上$ 煤层顶板富水性指数等值线图

与首采区相比,二采区工作面涌水量呈断崖式降低;三采区后续开采的工作面与 13301 工作面相比,涌水量呈断崖式下降。不排除先开采的工作面对后续开采的工作面有一定超前疏放效应,但总体上可以看出,各采区之间以及采区内部各工作面之间涌水量大小与富水性预测结果是高度吻合的。

第 7 章　基岩突水溃砂孕灾机理与防治技术

　　西北地区的早中侏罗纪煤田煤层层数多、厚度大,资源十分丰富,是我国重要的战略性煤炭基地之一。随着西部大开发步伐加快,一批整装煤田破土开发,矿井建设和生产过程中,也遇到一些新技术难题。上海庙矿区位于内蒙古自治区鄂托克前旗境内,在我国六大水害类型分区中属于西北砂岩裂隙型水害区。矿区总面积约 1 154 km²,煤炭资源量约 143 亿 t,其中侏罗纪煤炭资源量占 85% 以上。上海庙矿业一号煤矿是该矿区最早建设的矿井之一,从井筒开挖到矿井投产期间,曾多次发生突水溃砂事件。该矿 111084 工作面开采延安组 8 煤层,当工作面推进到 141 m 处发生顶板突水,水中携带大量泥砂,短时水量达到 2 000 m³/h,总出水量约 23.3 万 m³,泥砂量约 3.58 万 m³。工作面上顺槽约 500 m 巷道及下顺槽约 2 000 m 巷道均被泥砂淤塞掩埋。工作面出水后在停止开采情况下,后续 133 天内又出现 3 次突水,呈现出间歇性突水模式。2015 年 4 月 25 日,陕西省铜川市耀州区某煤矿综放工作面发生一起顶板突水溃砂事故,造成 11 人死亡,国家安全监管部门组织专家对事故原因做了初步分析并进行了通报;2017 年,该矿开展了水文地质补充勘探工作,在补充勘探成果的基础上,对该起事故发生的原因与致灾机理进一步分析与探讨。该起事故是西北侏罗纪煤炭资源开发较为典型的一种地质灾害所致,致灾机理复杂。此类地质灾害的共同特点是:顶板含水层富水性弱,瞬时水量大,水中含泥砂量大(8%～15%);泥砂来自基岩,间歇式突水,水害防治难度大。基岩突水溃砂既是一种新型地质灾害,也是侏罗纪煤层开采过程中典型的事故案例。下面以这两起事故案例为基础,研究其孕灾机理,提出防治关键技术。

7.1　特征测试与试验

7.1.1　力学测试

　　根据陆家梁教授编著的《软岩巷道支护技术》,将软岩定义为:一种特定环境下的具有显著塑性变形的复杂岩石力学介质。松软岩层是指松散、软弱的岩层，它是相对十坚硬岩层而言的，自身强度很低。指标化定义是：抗压强度 $\sigma_c < 20$ MPa 的岩层称为软岩。工程性定义为：围岩松动圈厚度大于 1.5 m 的围岩称为软岩。

地质软岩指强度低、孔隙度大、胶结程度差、受构造面切割及风化影响显著或含有大量膨胀性黏土矿物的松、散、软、弱岩层，该类岩石多为泥岩、页岩、粉砂岩和泥质矿岩，是天然形成的复杂的地质介质；工程软岩是指在工程力作用下能产生显著塑性变形的工程岩体，工程软岩强调软岩所承受的工程力荷载的大小，强调从软岩的强度和工程力荷载的对立统一关系中分析、把握软岩的相对性实质。

根据软岩特性的差异及产生显著塑性变形的机理，软岩分为四大类，即膨胀性软岩、高应力软岩、节理化软岩和复合型软岩。根据高应力类型的不同，高应力软岩可细分为自重应力软岩和构造应力软岩。前者与深度有关，与方向无关；而后者与深度无关，与方向有关。高应力软岩根据应力水平分为三级，即高应力软岩、超高应力软岩和极高应力软岩。

7.1.2　砂岩崩解试验

生产过程中经常出现水-砂混合溃出现象，采集 5 煤、8 煤、15 煤直接顶板砂岩做崩解性试验，如图 7-1 所示，其中 5 煤顶板砂岩样 11 个，8 煤顶板砂岩样 13 个，15 煤顶板砂岩样 13 个。

(a)　　　　　　　　　　　　　　(b)

图 7-1　砂岩浸水崩解

5 煤顶板砂岩：3 个样浸水 3 min 完全崩解，6 个样浸水 6 h 后完全崩解，2 个样浸水 12 h 后单轴抗压强度仍达 4.3 MPa。

8 煤顶板砂岩：7 个样浸水 3 min 完全崩解，5 个样浸水 3 h 后完全崩解，1 个样浸水 12 h 后未完全崩解，但稍有扰动即完全崩解。

15 煤顶板砂岩：6 个样浸水 3 min 完全崩解，4 个样浸水 3 h 后完全崩解，3 个样浸水 12 h 后单轴抗压强度仍达 3 MPa。

以上试验表明，煤层地层内砂岩遇水容易崩解，在水动力作用下有显著的流沙属性，可以形成水-砂混合流体，从而解释了 111084 工作面突水溃砂事故的泥砂来源问题。

7.1.3 泥化试验

如图 7-2(a)所示，采集一块煤层底板深灰色泥质岩石；如图 7-2(b)所示，将泥岩浸入清水中，5 min 后裂隙扩张明显，岩块碎裂；如图 7-2(c)所示，3 min 后稍有扰动即变成泥浆，证明了泥岩极易泥化特性。

(a)　　　　　　　　　　(b)　　　　　　　　　　(c)

图 7-2　泥岩泥化试验

综上，研究区内各类岩石力学强度较低，平均单轴抗压强度仅 5.9 MPa，属典型的软岩；平均软化系数为 0.31，吸水后力学强度大大降低。砂岩遇水易崩解，可形成水-砂混合突涌型地质灾害。泥岩中水敏性矿物含量达到 47.77%，泥化试验也表明泥岩吸水后容易泥化。

7.1.4 薄片鉴定

井下选取 8 煤顶板(60 m 范围内)不同粒径的砂岩做薄片鉴定(图 7-3 和图 7-4)，可见其分选性和磨圆度(颗粒为次棱-次圆状)整体较差，结构成熟度低，泥质胶结，胶结物易溶于水，为砂岩遇水崩解提供了物质基础。

图 7-3 砂岩薄片(一)

(a) 粗砂岩 1ZC3 薄片(单偏光×10);(b) 中砂岩 1ZZ1 薄片(单偏光×10);
(c) 细砂岩 1ZX1 薄片(单偏光×10);(d) 粗砂岩 1ZC3 薄片(正交偏光×10);
(e) 中砂岩 1ZZ1 薄片(正交偏光×10);(f) 细砂岩 1ZX1 薄片(正交偏光×10)

图 7-4 砂岩薄片(正交偏光×10)(二)

(a) 伊蒙混层-蒙脱石(1AC3);(b) 高岭石(1AX3);(c) 伊利石(2AZ1)

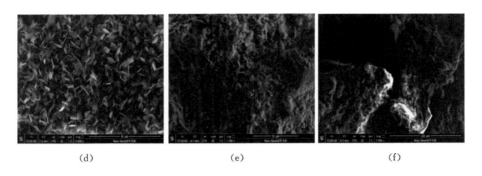

图 7-4(续)

(d) 绿泥石(1ZC4);(e) 伊利石(1ZX1);(f) 蒙脱石(1ZZ2)

7.2　案例研究 1

7.2.1　事故过程简介

内蒙古上海庙矿区新上海一号煤矿开采侏罗纪延安组煤层,属弱胶结地质软岩条件。11084 工作面是 8 煤层第二个回采工作面,西侧设计有 111086 工作面,尚未开采;东侧 111082 工作面于 2013 年 9 月回采结束,最大涌水量约 5 m³/h。工作面走向长度 1 880 m,宽度 210 m,煤层平均厚度为 3.5 m,开采深度为 358～414 m,与相邻工作面之间留设煤柱 20 m,构造简单,未揭露断层。

2014 年 7 月 27 日,工作面推进 141 m 时 88 号综采支架上方出现淋水,28 日 5 时水量增大到 2 000 m³/h,此后水量快速衰减,1 周后水量稳定在 50 m³/h;2014 年 8 月 30 日上午 10:10,水量由此前的 50 m³/h 猛增到 1 500 m³/h,5 天后水量稳定在 15 m³/h;2014 年 10 月 18 日凌晨 3:00,水量由此前的 15 m³/h 增加到 300 m³/h,3 天后水量稳定在 10 m³/h 左右;2014 年 12 月 8 日 15:00,水量由此前的 10 m³/h 增大至 100 m³/h,1 周后水量稳定在 5 m³/h,此后水量基本稳定。整个突水过程历时 133 天,总出水量约 23.3 万 m³,泥砂量约 3.58 万 m³,工作面被泥砂掩埋,第一次突水后工作面再未采动。

7.2.2　突水溃砂过程分解

经水质分析和水化学联通试验,本次突水水源主要为直罗组七里镇砂岩水。工作面附近(约 200 m)Z1 观测孔为直罗组含水层水文长观孔,根据突水期间该孔水位数据绘制水位变化历时曲线(图 7-5),可以看出间歇式突水过程与含水层水位周期性升降之间具有明显的相关性。

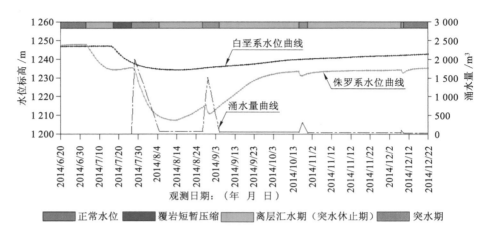

图 7-5　111084 工作面突水过程中含水层水位变化曲线

根据充水含水层水位周期性变化,可对突水过程做如下分解。

(1) 离层蓄水期(图 7-6)

图 7-6　离层蓄水期

工作面推进 0～60 m 期间,覆岩内破裂带处于发育发展阶段,上部离层裂隙尚未出现或刚刚启动,表现为七里镇砂岩水位无异常。工作推进 60～110 m 期间,覆岩内破裂带进入快速发展期,尚未达到理论计算值(30.1～33.66 m);位于直罗组地层内的离层裂隙带处于快速发展期,七里镇砂岩裂隙水持续向离层空间汇集形成自由水体,表现为七里镇砂岩水位 Z1 孔下降 13.598 m(2014 年 7月 3 日至 7 月 18 日观测数据)。

（2）弯曲带形成期

工作面推进 110～143 m 期间，覆岩内离层裂隙（离层空间）发育趋近成熟。此时，覆岩内基本顶活动剧烈，顶板剧烈下沉压缩已经形成的离层空间，表现为 Z1 孔水位回升了 0.972 m（2014 年 7 月 18 日至 7 月 27 日观测数据）。

（3）第一次突水（图 7-7）

图 7-7　第一次突水

工作面推进 141 m 时，破裂带高度超过隔水层厚度（32 m），导水裂隙"刺穿"了离层水体，2014 年 7 月 27 日工作面顶板出现淋水，7 月 28 日 5：00 水量达到 2 000 m³/h，水量大、水动力作用强，带出大量泥砂，此后工作面停止推进。

（4）第一个突水休止期（图 7-8）

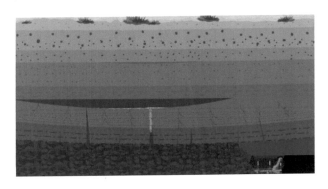

图 7-8　第一个突水休止期

离层水溃出后水压降低、水动力作用减弱，泥砂产生"自封堵"效应封闭了突水通道，8 月 5 日水量减少到 10 m³/h 左右，进入第一个突水休止期。表现为 Z1 孔水位回升了 7.677 m（2014 年 8 月 5 日至 8 月 29 日观测数据）。

（5）第二次突水（图 7-9）

图 7-9　第二次突水

突水通道被封堵后，离层空间继续蓄水，当水压水量增大到一定程度时再次冲开突水通道，发生第二次突水，8 月 30 日瞬时水量达到 1 500 m^3/h。

（6）第二个突水休止期（图 7-10）

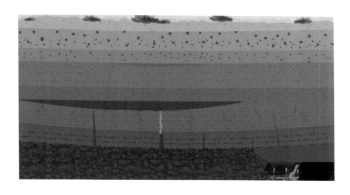

图 7-10　第二个突水休止期

2014 年 8 月 31 日至 10 月 16 日为第二个突水休止期，Z1 孔水位回升了 21.87 m，Z3 孔水位回升了 17.94 m。

（7）第三次突水（图 7-11）

2014 年 10 月 18 日再次突水，短时水量达 300 m^3/h，2 h 后水量快速衰减，逐渐稳定在 10 m^3/h 左右，表现为 Z1 孔水位下降了 1.623 m（2014 年 10 月 17 日至 10 月 26 日观测数据）。

图 7-11　第三次突水

（8）第三个突水休止期（图 7-12）

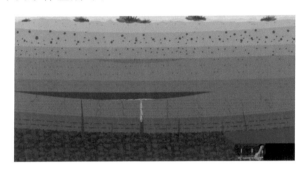

图 7-12　第三个突水休止期

2014 年 10 月 27 日至 12 月 17 日为第三个突水休止期,水量稳定在 10 m^3/h 左右,水位稳定中稍有波动。

（9）第四次突水（图 7-13）

2014 年 12 月 8 日再次突水,水量约 100 m^3/h,持续了约 4 h,随后水量逐渐减小,一周后水量稳定在 5 m^3/h 左右,整个突水事件至此结束。

7.2.3　孕灾机理

通过上述研究,对水-砂混合型间歇式突水机理形成以下认识:

（1）离层蓄水作用强化了弱含水层的突水强度

岩石抗压强度为 3.8～25.4 MPa,差异性较大,具备了离层产生的关键条件。在离层裂隙形成过程及形成后,裂隙水持续向离层空间汇集,在相对封闭的离层空间内形成"自由"水体,这个过程称为离层汇水作用,为携砂突水提供了动力源。

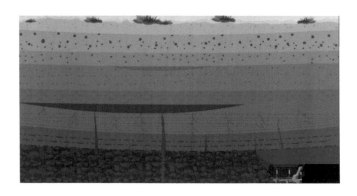

图 7-13　第四次突水

（2）导水裂隙是导水通道

岩层具有一定挠度,垂向上位移的同时产生离层裂隙,而导水裂隙则需要克服岩层的抗拉性,先弯曲再张裂,从下向上非匀速扩展,在导水裂隙尚未达到的层段已经形成离层水体,导水裂隙继续向上发展并"刺穿"离层水体时,即会引发短时高强度突水。

（3）砂岩流沙属性是混合型突水的根本原因

突水时,初始水量大、流速快,水动力作用强,弱胶结砂岩会在水动力作用下表现出流沙属性而随水溃出,因此可得到砂岩流沙属性是水中携砂的根本原因,泥砂来自含水层。

（4）泥砂自封堵作用决定了突水过程为间歇式

离层积水总量是有限的,随着水的释放,动力衰减,大量泥砂自然淤塞突水通道,突水暂时中止,此过程称为泥砂自封堵作用。泥砂封堵住突水通道时,离层内汇水会持续进行,当水量和水压达到一定程度将再次突破泥砂阻力,发生第二次突水。两次突水的间隔时间称为休止期。突水休止期与离层汇水期重合,突水期与休止期交替进行,表现为间歇性突水。

（5）周期性突水

突水通道被泥砂淤塞后,裂隙水继续向离层空间汇集,当水量和水压增加到一定程度时会突破泥砂阻力,突水再次发生,突水休止期同时是离层汇水期。突水期与休止期交替进行,表现为间歇性突水。休止期越长,说明岩层富水性越弱。

（6）水量梯次性衰减

离层空间在覆岩重力作用下受到压缩,蓄水能力逐渐变小,表现为突水强度逐步衰减,突出水量梯次递减。

（7）休止期梯次延长

随着附近砂岩裂隙水的反复汇集和释放，后续需要从更远处补给水量，由于含水层自身渗透性较差，因此突水休止期会梯次延长。

水-砂混合型间歇式突水机制可概括为：离层汇水作用强化了弱含水层的短时突水强度，泥砂自封堵作用决定了突水过程呈间歇式发展。

7.3　案例研究 2

7.3.1　地质条件简介

陕西省铜川市某煤矿属于黄陇煤田旬耀矿区，井田为轴向近东西的向斜构造，北翼地层倾角 2°～5°，南翼地层倾角 8°～12°，面积 10.775 km^2。该矿井核定生产能力 180 万 t/a，主采侏罗纪延安组 4-2 煤层，厚度 0～14.8 m，平均 8.62 m；底板埋藏深度 275.2～593.5 m，平均 486.5 m。

煤层顶板主要含水层：第四系（Q）松散层孔隙含水层、下白垩统洛河组（$K_1 l$）砂岩裂隙含水层、侏罗系中直罗组（$J_2 z$）砂岩裂隙含水层、延安组（$J_2 y$）砂岩裂隙含水层等。前期地质勘探及后期补充勘探成果表明，各含水层富水性极弱至弱，井田地层如图 7-14 所示。

7.3.2　事故过程简介

202 工作面位于井田西部，是二采区第二个采煤工作面，开采延安组 4-2 煤层，底板埋深 540～661 m，厚度 7～11 m，倾角 5°～8°。工作面走向长 1 475 m，倾斜宽度 150 m，采用综放工艺，设计采高 3.2 m，放顶 3.8 m。回采前在上下槽内每隔 100 m 向煤层顶板打 1 个探水孔，仰角 70°，终孔于煤层顶板上约 60 m处。实际仅施工 2 个探水孔，仰角分别为 15°、36°，孔深分别为 35 m 和 43 m，无水，设计的其他探水孔未再施工。巷道揭露煤层内高角度节理发育。

2015 年 4 月 24 日，工作面推采至 1 153 m 以前，采空区涌水量为 30～50 m^3/h；24 日 22 时，8 号支架顶板出现淋水，20 号支架顶部破碎；25 日 8 时许，7～9 号支架顶板淋水增大，水色发浑，人员在紧急撤离过程中听到巨大的声响，并伴有强大气流，短时间内工作面被泥砂掩埋，约 450 m 巷道有泥砂淤积。经估算，瞬时最大涌水量为 1 299 m^3/h，总出水量为 32 267 m^3，泥砂 1 680.45 m^3。

中煤科工集团西安研究院于 2017 年 11 月至 2018 年 4 月完成水文地质补充勘探任务：地质填图 16 km^2，采集地面水样 8 件，地面施工钻孔 11 个（其中 TC-1 为"两带"高度探查孔），采集各类样品 63 件，并于 2018 年提交了《水文地质补充勘探成果报告》（以下简称《补勘报告》）。

地层名称	厚度/m	柱状	岩性描述
第四系 (Q)	0~42.9 / 9		主要为坡积、冲积物和黄土、砂土等，夹有钙质结核，底部以灰质砾岩为主
洛河组 (K₁l)	0~522 / 304.5		上部紫灰色砾岩为主，夹棕红色中粒砂岩，分选性差，磨圆度中等。充填物为中砂，钙质胶结，质地较坚硬，富水性弱，但不均。单位涌水量 0.001 42~0.007 25 L/(m·s)，渗透系数 0.000 35~0.004 m/d
宜君组 (K₁y)	0~40.5 / 21.8		棕红色中砾岩为主，砾岩成分以灰岩为主，夹石英、变质岩等。分选性差，磨圆度中等。充填物为中砂，泥钙质胶结
直罗组 (J₂z)	11.1~127.1 / 54.2		以泥岩、砂质泥岩、砂岩为主，裂隙及滑面发育，遇水易崩解，富水性弱，但不均，局部层段富水较好。单位涌水量 0.000 166~0.000 889 L/(m·s)，渗透系数 0.000 149~0.000 83 m/d
延安组 (J₂y)	0~55.9 / 35.6		以泥岩、粉砂岩、细砂岩、中砂岩为主，砂岩相变大，难以对比，为极弱含水层，但富水性不均。单位涌水量 0.000 356 L/(m·s)，渗透系数 0.000 149 m/d
富县组 (J₁f)	0~87.5 / 17.6		泥岩

图 7-14　地层综合柱状图

7.3.3　事故原因分析

　　事发后，安全监管部门组织专家进行事故原因分析，根据矿方提供的资料和现场情况，专家组给出的初步结论是：受采动影响，宜君组坚硬砾岩层下方形成离层空间；导水裂隙发育到上部洛河组砂岩，将洛河组砂岩裂隙水导入下部的离层空间并积聚；架前贯通裂隙将离层水体导入采场；在导水通道上恰好遇到古河床（地质松散体），以水-砂混合形式涌出，如图 7-15 所示。

　　可以归纳出以下 5 个关键环节：

　　（1）宜君组地层相对坚硬（单轴抗压强度 23.6~59.48 MPa），直罗组地层相对软弱（单轴抗压强度 2.1~31.1 MPa），这种上硬下软的地层结构容易形成离层裂隙，在宜君组砾岩下方产生离层空间。

　　（2）洛河组砂岩裂隙含水层富水性较好。

　　（3）导水裂隙发育到上部洛河组地层，将裂隙水导入下部离层空间，并在离层空间内积聚。

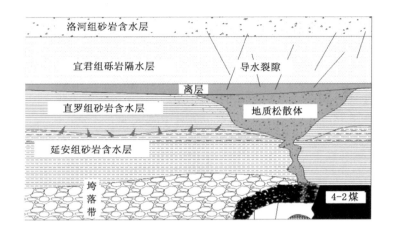

图 7-15　事故调查组专家分析结果示意图

（4）离层水体通过架前贯通性裂隙溃入采场。

（5）在导水通道上恰好遇到古河床（溃砂体），以水-砂混合形式溃出。

采动裂隙波及上部洛河组含水层，将洛河组砂岩裂隙水导入下部直罗组地层内；直罗组地层遇水后崩解、泥化，形成泥石流体；高位上关键层破断，破断岩块在回转过程中向下产生巨大动能和载荷，传递至工作面和泥石流体地层；综采支架工作阻力过小，在架前形成纵向贯通裂缝；泥石流体在冲击下产生向下的巨大动能，沿着贯通裂缝溃涌至采场。

7.3.4　技术商榷

（1）根据《补勘报告》，宜君组地层在井田内赋存并不稳定，地层厚度 0～24.36 m，平均厚度 10.9 m，根据钻孔资料绘制宜君组地层等厚线图（图 7-16）。

从图 7-16 可以看出，在 ZD6-1 钻孔和 ZK11 钻孔附近宜君组地层缺失，而事故发生地点就位于 ZD6-1 钻孔附近的地层缺失区内，由此可见，宜君组砾岩下出现离层空腔的判断值得商榷。

（2）由前可知，导水裂隙已经发育到上部洛河组，可以推断离层空间的下方导水裂隙更加发育，则离层空间的封闭性遭受破坏，裂隙水无法在离层空间内长时间积聚并达到一定的量，应该是以"温和"的形式涌入采场，是否具备携带大量泥砂的水动力值得商榷。

（3）根据《补勘报告》，井田内没有发现古河床，以古河床（地质松散体、溃砂体）来解释砂源值得商榷。

（4）TC-1"两带"高度探测孔设计在 201 采空区上方，201 工作面于 2015 年

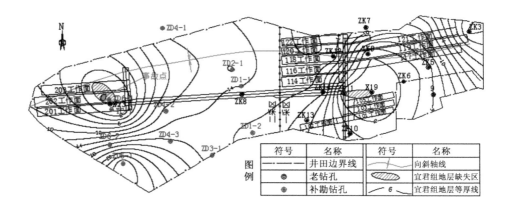

图 7-16 宜君组地层等厚线图

1月回采结束,2018年4月在其上方探测"两带"发育高度是否可行值得商榷。

(5)根据《补勘报告》描述:TC-1孔进入基岩后冲洗液大量消耗(孔内仍有稳定液面),未取得"两带"高度实测数据。报告中"实测冒裂比为15.9,以此计算导水裂隙高度达到230 m",以此推断导水裂隙深入高位上的洛河组地层值得商榷。

(6)根据《补勘报告》:洛河组砂岩单位涌水量0.001 425~0.007 25 L/(s·m),渗透系数 0.000 51~0.003 3 m/d;直罗组砂岩单位涌水量 0.000 166~0.000 389 1 L/(s·m),渗透系数 0.000 110 45~0.000 52 m/d;延安组砂岩单位涌水量 0.000 356 L/(s·m),渗透系数 0.000 149 m/d。各含水层富水性均为极弱至弱,认定洛河组砂岩裂隙水为突水水源值得商榷。

(7)支架工作阻力过小造成压架切顶并形成架前贯通裂缝,但没有给出支架实际工作阻力和适宜工作阻力,事故发生前已经回采了1 153 m,此前并没有出现过切顶压架现象,对支架工作阻力过小和溃涌通道的认定值得商榷。

(8)垮落带内岩层以破断、垮落运动形式为主,弯曲下沉带内岩层则以整体弯曲下沉为主,关键层破断失稳岩体却出现在导水裂隙带上方弯曲下沉带内的认定值得商榷。

基于以上原因,本书对水-砂混合突涌机理进一步进行研究。

7.3.5 事故原因再分析

根据抽水试验成果,4-2煤上部各含水层均为弱至极弱含水层,本身难以发生较大涌水,而该起事故瞬时水量达到 1 299 m³/h,且突水持续时间较短,符合离层水害特征,通过离层汇水作用将裂隙水转化为自由水体,具备导水通道时,离层水瞬时溃入采场,短时水量大。煤层上覆基岩内任何层段均可能产生离层裂隙,砂岩裂隙水长时间向离层裂隙(达到一定规模称为离层空间)内渗透补给,

在离层空间内形成自由水体,当具备导水通道时会引发短时高强度突水。离层水害发生需要同时具备以下 6 个条件:

（1）物理力学条件:地层的非均质性(力学强度差异大),决定着覆岩内层与层之间下沉运动是非协调性的,上硬下软的岩层结构容易在坚硬的岩层下方产生离层。

（2）岩石条件:弱胶结砂岩浸水后容易崩解,在水动力作用下能够形成水-砂混合流体。

（3）时间条件:离层空间内积聚的水体来自砂岩裂隙水,裂隙水向离层空间内渗透补给需要经历一定时间才能达到一定的体量,含水层富水性越弱则需要的汇水时间越长。

（4）水源(富水性)条件:离层空间所处的围岩必须有一定的富水性,砂泥质沉积构造具有各向异性、各层异性特点,相对富水区更容易形成离层水体,富水性越好则所需要的汇水时间越短。

（5）导水通道条件:在没有特殊构造的情况下,导水裂隙是常见的导水通道,即导水裂隙必须波及离层水体才会发生离层水害。

（6）空间条件:如图 7-17 所示,离层 1 位于导水裂隙带之上,缺少通道条件;离层 3 位于导水裂隙带或垮落带之内,过早被导水裂隙"刺穿",不具备汇水时间条件;离层 2 位于导水裂隙顶部附近,在导水裂隙"刺穿"以前汇水时间相对充足,且最终被导水裂隙"刺穿"。

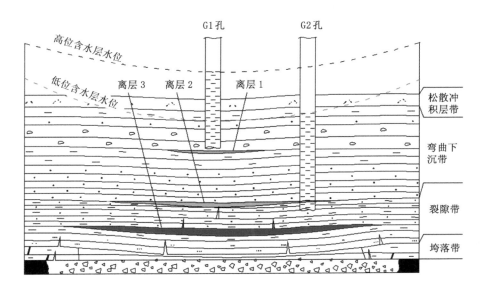

图 7-17　离层裂隙空间位置示意图

因此,只有位于导水裂隙带顶部附近的离层空间才可以形成离层水害。

7.3.6 事故发生条件分析

7.3.6.1 离层裂隙产生的物质基础

事故矿井有大量的岩石力学试验数据,见表 7-1。统计结果表明,总体上单轴抗压强度较低,成岩性差,符合西北地区弱胶结软岩地层共性特征。抗压强度差异大,极软弱、软弱、中硬、坚硬等岩石(层)交替沉积,为形成离层裂隙提供了物理力学条件。虽然事故地点坚硬的宜君组地层缺失,但是现有的地层条件足以形成离层裂隙。

表 7-1 岩石单轴抗压强度试验数据

岩性	单轴抗压强度	岩性	单轴抗压强度
砂质泥岩	$\dfrac{2.10\sim27.57}{15.86}$	中粒砂岩	$\dfrac{10.24\sim44.80}{26.07}$
粉砂岩	$\dfrac{15.24\sim41.34}{23.87}$	砾岩	$\dfrac{12.90\sim59.48}{43.1}$
细粒砂岩	$\dfrac{23.50\sim31.10}{27.30}$	洛河组砂岩	$\dfrac{15.16\sim27.64}{20.10}$

7.3.6.2 离层空间位置

由于地层沉积结构和力学性质的复杂性,工程探测或数值模拟等方法获得的导水裂隙发育高度未必精准,可作为参考数据。《建筑物、水体、铁路及主要井巷煤柱留设与压煤开采规范》中的经验公式可以判断引起本起事故的离层裂隙产生的空间范围,从而确定研究富水性的地层范围,并不强调导水裂隙带计算结果的精准度。有研究结果表明,在相同采高情况下,中东部地区导裂高度大于西部地区导裂高度,可见本书借用经验公式判断离层空间位置是可行的。

该矿岩层条件从软弱至坚硬均有分布,选择软岩和坚硬岩石适用公式分别估算导水裂隙发育高度。

软弱岩石适用公式:

$$H_{li} = \frac{100\sum M}{3.1\sum M + 5} \pm 4 \qquad (7-1)$$

这里选 +4。

坚硬岩石适用公式:

$$H_{li} = \frac{100\sum M}{1.2\sum M + 2} \pm 8.9 \qquad (7-2)$$

这里选 +8.9。

设计总采高 7.0 m(割煤高度 3.8,放顶煤高度 3.2 m),实际放顶煤高度可能略大于 3.2 m,总采高按 7.5 m 计算,导水裂隙发育高度为 30.54~77.1 m。

ZD6-1、X23 钻孔距离突水溃砂点最近,4-2 煤上距洛河组距离分别为 59.29 m、63.44 m,可见导水裂隙并不必然发育到洛河组地层。

煤层顶板上方 30.54 m 层段内采动裂隙发育,不满足离层汇水时间条件;煤层顶板上方 77.1 m 以上的地层中即使形成离层水体,但因缺少导水通道条件而与本起事故无关。据此判断引起本起事故的离层空间应该位于煤层顶板上方 30.54~77.1 m 范围内。

7.3.6.3　水源(富水性)条件

离层空间能否在有限的时间内积聚一定水量,取决于围岩的富水条件,因此,以煤层顶板上方 30.54~77.1 m 层段(厚度 46.56 m)作为富水性研究对象,从而缩小了富水性研究范围。延安组、直罗组、宜君组以及洛河组均为砂泥质互层型沉积构造,富水性弱且相近,根据前文评价类型划分标准应属于 B 型,视为同一套地层去评价,不再按地层名称划分。

本案例没有岩芯采取率、孔隙(裂隙)率等地质参数,各含水层分别有 0~2 个钻孔做过抽水试验,单位涌水量和渗透系数数据太少,且抽水试验层段与研究层段(30.54~77.1 m)不对应,不足以刻画地层的富水性规律。由该层段内砂岩层厚度可知,脆塑性比值可计算得到;根据构造纲要图可计算得到构造分维值,故选择砂岩层厚度、脆塑性比值、构造分维值三种参数评价地层富水性。

(1)富水性指数等值线图

根据前文富水性指数计算公式:

$$F_i = \frac{M_c}{H_y} \times 100\% \tag{7-3}$$

式中　F_i——富水性指数,无量纲;

$\qquad M_c$——研究层段内脆性岩层累加厚度,m;

$\qquad H_y$——研究层段厚度,本例为 46.56 m。

根据钻孔地层信息,统计、计算得到 4-2 煤顶板上方 30.54~77.1 m 层段内富水性指数列表,导入绘图软件得到富水性指数等值线图,如图 7-18 所示。

(2)构造分维等值线图

依据构造分形理论,构造分维值作为评价地质构造复杂程度的指标具有明显的优越性。事故矿井构造简单,断层不发育,一条轴向近东西的向斜贯穿整个井田,是井田主体构造,生产中发现向斜轴部附近高角度张裂隙发育,淋水点较多,工作面涌水量较大,因此,该向斜在很大程度上控制着井田富水特征。

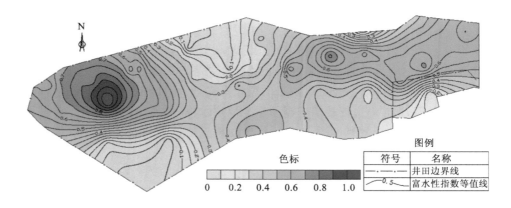

图 7-18 富水性指数等值线图

本书采用相似维来描述构造网络的复杂程度。设 $F(r)$ 是 R_n 上任意非空有界子集,$N(r)$ 为覆盖 $F(r)$ 所需的分形基元 B 的相似集 rB 的最小个数集合,如果 $r \to 0$ 时,$N(r) \to \infty$,则定义集合 $F(r)$ 的相似维 D_s 为:

$$D_s = \dim F(r) = \lim_{r \to 0} \frac{\lg N(r)}{-\lg r}$$

在构造纲要图上将井田按边长 400 m 划分为若干个正方形块段,每个块段的中心点为数据坐标点。将每个方块以边长 200、100、50 m 进行再分割,记录有构造迹线穿过的网格的数目 $N(r)$,得到 $r_0 = 200$ m、$r_0 = 100$ m,$r_0 = 50$ m 时的 $N(r)$ 值,投放到 $\lg N(r)$-$\lg r$ 坐标系中,所得拟合直线的斜率绝对值即为该块段的相似维 D_s。通过上述过程得到相似维 D_s 数据列表,据此绘制构造分维等值线图,如图 7-19 所示。

(3)归一化处理

为了将量级和量纲不相同的两种数据进行复合叠加,需要进行归一化处理,使数据限定在 0~1 之间(上述各等值线图绘制前已经进行了归一化处理)。归一化公式为:

$$A_i = a + (b - a) \frac{x_i - \min x_i}{\max x_i - \min x_i}$$

式中　A_i——归一化处理后的数据;

　　a、b——归一化区间的两极值,a 为下限取 0,b 为上限取 1;

　　x_i——归一化前的原始数据;

　　$\min x_i$——最小值;

　　$\max x_i$——最大值。

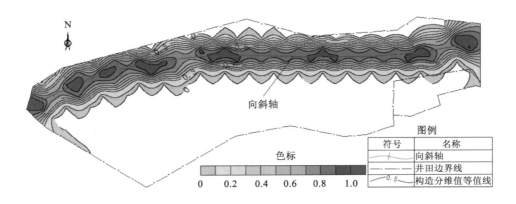

图 7-19　构造纲要及构造分维等值线图

（4）数据叠加

富水性指数共有 25 个数据（25 个钻孔资料），构造分维值共有 162 个数据（162 个正方形块段），两种数据的坐标点没有对应关系，数据量不等，通常采用 ArcGIS 绘图软件进行矢量叠加，本书采用以下步骤进行数据叠加：

① 将前文确定的 162 个块段中心点投到富水性指数等值线图上，根据富水性指数等值线读取各中心点上富水性指数，记入构造分维值列表，则富水性指数由原来的 25 个数据变成 162 个。

② 本例仅有两种数据，层序结构简单，无须采用 AHP 层次分析法或其他方法确定各项数据的权重值，权重值均设为 0.5。

③ 同一坐标点上构造分维值与富水性指数分别乘以权重值 0.5 后再相加，得到富水性综合评价指数列表。

将最终得到的数据列表导入 Surfer 绘图软件，得到富水性综合指数等值线图，与采掘工程平面图叠合即可得图 7-20。

由图 7-20 可以看出，井田西部、东部富水性较强，中部富水性较弱，所以二采区的 201 工作面涌水量较大，202 工作面突水溃砂；一采区的 118、119 等工作面涌水量较大，均与富水性图相吻合。

突水溃砂点恰好位于二采区的相对富水区（综合评价指数 0.6～1.0），具备离层水害发生的水源（富水性）条件，在煤层顶板上 30.54～77.1 m 层段内出现离层空间后，该层段内裂隙水会持续向该离层空间汇集，最终形成离层水体。

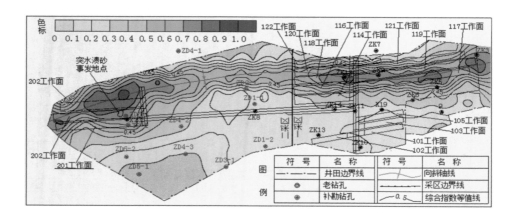

图 7-20　富水性综合指数等值线图

7.3.6.4　泥砂来源

在浅埋煤层薄基岩下采煤突水溃砂的泥砂来源于上部松散含水砂层,深埋煤层厚覆基岩下突水溃砂,很容易使人联想到古河床。

从事故矿井采集 16 组砂岩(直罗组、延安组)做崩解试验,其中 8 组遇水即崩解,7 组 6 h 后崩解,1 组饱和吸水后单轴抗压强度仍高达 36 MPa。

如图 7-21 所示,侏罗纪弱胶结砂岩遇水有极强的崩解性,在水动力作用下具有显著的流沙属性,可以形成水-砂混合流体。

事故矿井历次勘探均没有发现古河床或地质松散体,结合试验结果可以得出结论:突水溃砂的泥砂来源于弱胶结砂岩含水层,而非类似于古河床的溃砂体(或称地质异常体)。

7.3.7　偶发性特点

覆岩内任何层段上均可能产生离层裂隙,但只有位于导水裂隙顶端附近的离层裂隙(离层空间)才可以发生离层水害。我们不可能对任意空间上的岩石做物理力学测试,因此,精准判断离层位置是不现实的。

由于地层厚度的变化、导水裂隙发育高度的差异性以及富水特征的各向异性,离层水害的 5 个条件同时满足的概率较小,决定了此类事故发生具有一定的偶然性。例如,本例中 ZD6-1、X23 钻孔之间相距仅 60 m,地层厚度变化却很大(表 7-2);相邻的 201 工作面以及一采区的 117、118、119、120 等工作面均位于相对富水区内,只是表现为涌水量偏大,没有突水溃砂,正是此类事故偶发性特点的体现。

图 7-21　弱胶结砂岩崩解性试验

表 7-2　地层厚度统计

钻孔号	直罗组厚度/m	煤层至洛河组距离/m	煤层至直罗组距离/m
ZD6-1	44.43	59.29	17.86
X23	49.92	75.71	24.29

7.3.8　结论

（1）根据弱含水层短时高强度突水特征,判断为一起离层次生水害事故;对岩石物理力学测试数据分析结果表明,4-2 煤上覆岩层为软、硬岩层交互型沉积构造,具备产生离层裂隙(空间)的物质条件;借助"两带"高度经验公式,确定了引起本起事故的离层空间位于 4-2 煤上方 30.54～77.1 m 层段内。

（2）选用砂岩层厚度、脆塑性比值、构造分维值三种地学参数,研究了 4-2 煤顶板 30.54～77.1 m 层段内地层的富水性规律,突水溃砂点位于相对富水区内,为离层水体的形成提供了水源(富水性)条件。

（3）通过砂岩浸水崩解性试验,证明延安组砂岩、直罗组砂岩遇水极易崩解,在水动力作用下具有流沙属性,可以形成水-砂混合流体。

（4）此类事故具有偶发性特点。

7.4 防治技术

根据上述离层水害形成的 5 个条件,可通过改变其中一个或多个条件防止水害发生,是此类型突水防治的关键要务。据此,生产实践中主要采取疏干开采和预置导流管两种措施。疏干开采可改变含水层富水性条件,也就是改变水源条件和水压条件;预置导流管可破坏离层空间的封闭性,使汇水时间延长,从而改变离层汇水的空间条件和时间条件。

7.4.1 掘进工作面超前疏放

迎头顶板淋水对工程的影响:

（1）影响掘进效率;

（2）影响反底拱混凝土喷浆质量;

（3）加速围岩变形。

使用中煤科工集团西安煤科院生产的 ZDY-6000LD 型履带式全液压坑道千米定向钻机或其他型号定向钻机循环施工,每循环 3 个钻孔(600～800 m),超前距约 30 m(图 7-22)。

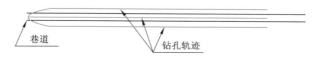

图 7-22 超前疏放水钻孔平面布置孔

中孔沿巷道中心线布置,2 个边孔均距离巷道帮约 6 m,钻孔轨迹控制在巷道顶板上方约 6 m(图 7-23)。

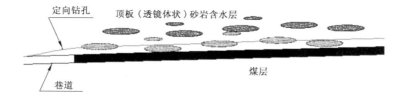

图 7-23 超前疏放水钻孔剖面布置孔

保证支护材料长度范围砂岩水得到提前疏放,施工现场如图 7-24 所示。

图 7-24　超前疏放水施工现场

7.4.2　采煤工作面疏干开采

软岩条件下制约安全高效生产的两大瓶颈,一是水-砂混合突涌,二是软岩劣化效应影响。砂岩遇水崩解成流沙,泥岩遇水泥化、膨胀,疏干开采既能防止突水溃砂,同时可以削弱水对软岩的影响。疏放水工作在工作面回采前完成。

在疏干开采过程中,需进行定性和定量分析,应用双图评价技术进行顶板水害的分区评价和预测,结合地球物探等手段对疏放水效果进行评价和验证。疏干开采技术路线如图 7-25 所示。

(1) 疏干高度

疏干高度以《建筑物、水体、铁路及主要井巷煤柱留设与压煤开采规范》提供的软岩条件下导水裂隙带经验公式为基础,通常取导水裂隙带+4 倍采高为疏干范围(图 7-26),也可通过工程探测、数值模拟等方法综合确定。

(2) 孔口装置

此类含水层虽然静水压力较高,但渗透系数小,给水度低,孔口一般无压力,单孔水量一般不超过 30 m³/h,孔口管只是为了安装软管导流需要,一般不采用注浆固管工艺,采用棉纱、树脂锚固剂等封闭孔口,避免水从孔外渗流。

(3) 疏干钻孔布置(图 7-27)

在工作面上下顺槽内每隔 100 m 布置一个钻机硐室,上顺槽与下顺槽钻机平面上错开 50 m 布置;硐室规格以保证钻孔可以 360°施工为限,一般规格为

图 7-25 疏干开采技术路线

4 m×3.0 m×3.5 m(长×宽×高)。采用双层双向扇形布孔法,以使疏干孔在平面上、空间上有一定的交叉,上层孔与下层孔仰角相差 10°~15°,终孔于疏干高度顶界。

同层钻孔平面夹角设计为 30°~45°,原则上每组钻孔 24 个,上层孔与下层孔各 12 个,可根据单孔水量大小适当增减孔数。根据富水性等值线(富水性相对强弱)进一步确定,相对富水性钻孔平面夹角适当减小,相对贫水区钻孔平面夹角适当增大。

开孔直径 ϕ120 mm,下入 ϕ108 mm×1 500 mm×5 mm 孔口管,然后以 ϕ75 mm 钻头裸孔钻至终孔。

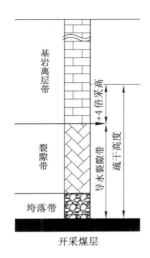

图 7-26　疏干高度

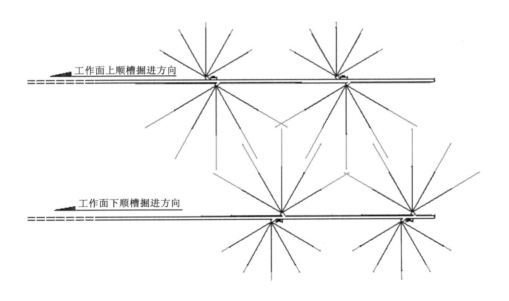

图 7-27　疏干钻孔平面布置图

图 7-28 为疏干钻孔现场施工图。

（4）疏干范围

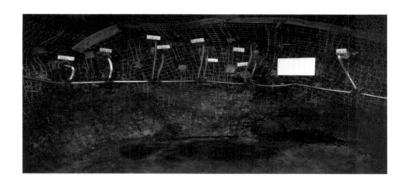

图 7-28　疏干钻孔现场施工

工作面上方导水裂隙带范围以内以及工作面两侧一定范围内砂岩水得到疏放，又分为疏干区、半疏干区、未疏放区(图 7-29)。

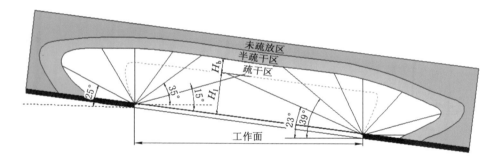

图 7-29　疏干空间范围(剖面图)

7.4.3　采煤工作面预置导流管

疏干开采改变了地层富水性，可大大减少离层水害风险，但目前尚没有精确的科学判据来确定危险是否彻底消除。实践中可以采用预置导流管方法，通过破坏(可能产生的)离层空间封闭性，使其无法形成离层积水，从而进一步消除隐患。

在工作面下顺槽内循环见方位置，向煤层顶板施工一个钻孔，钻孔与巷道平面夹角为 35°～45°，反向于工作面推进方向(图 7-30)，终孔于导水裂隙带顶界(图 7-31)。孔内下入 ϕ50 mm 无缝钢管，壁厚 5 mm，前部约 60 m 做成滤水花管。

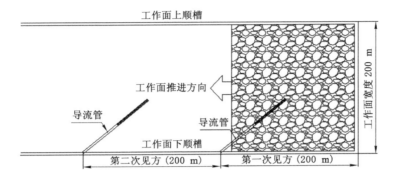

图 7-30　导流管平面布置图

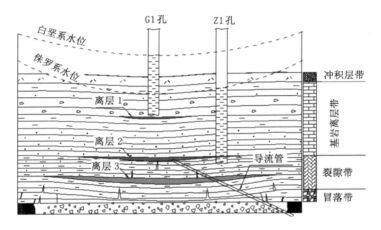

图 7-31　导流管终孔层位

第8章 劣化效应控制技术

煤炭工程包括井巷工程和回采工程。工程上表现出来的岩体软化、泥化、蠕变、底鼓、下沉、收敛、形变、喷浆层开裂、支护体系受损、支架陷底板以及水-砂混合突(涌)地质灾害等非稳定工程现象统称为软岩劣化效应。侏罗纪煤田开采制约安全高效生产和建设的两大瓶颈:一是突水溃砂,二是软岩效应。"大水防控"解决的是水-砂混合型突(涌)地质灾害,"小水管理"是软岩劣化效应控制的重要手段。

"大水防控"属于防治水专业技术范畴,专业人员通过专业的技术手段,按照"探、防、堵、疏、排、截、监"七字方针,坚持"预测预报、有疑必探、先探后掘、先治后采"原则,运用好"多类型'四双'工作法",根据水-砂混合突水机制以及发生条件,制定针对性预防措施并落实到生产现场,防止水害发生。

"小水管理"属于生产管理范畴,根据泥岩遇水泥化、膨胀特点,通过"深挖水窝、广布雨棚、软管导流、集中排放、底拱隔水、喷浆封闭"等综合管理措施的应用,尽量减少水与泥石接触的机会,从而弱化软岩效应,减少巷道返修率,促进采煤工作面快速推进。

8.1 劣化效应工程特征

8.1.1 采煤工作面劣化效应工程特征

除了前述突水溃砂以外,采煤工作面由于顶板淋水,造成底板软化、泥化,综采支架陷底,刮板输送机上翘,经常需要人工起底,有时采煤面上需要搭雨棚挡水(图 8-1),作业环境恶劣(图 8-2);老塘涌水加剧工作面端头底鼓变形,影响转载机的拉移,1 个采煤队作业通常需要 2 支掘进队配合在工作面上下端头巷道内降底,严重制约快速回采。

8.1.2 掘进巷道劣化效应工程特征

(1)顶板淋水

煤层顶板赋存多层砂岩,砂岩一般含水,但层位和厚度不稳定,难以预测。部分巷道淋水较大,通过锚杆眼或锚索眼大量淋水,水量大时单个孔眼可达

图 8-1　采煤工作面搭设雨棚防水

图 8-2　采煤工作面作业环境恶劣

5 m³/h,水中泥砂含量高。顶板锚索孔出水(含砂)如图 8-3 所示。

(2)巷道底板泥化

掘进巷道底板遇水泥化,掘进机行走困难,影响掘进效率和工程质量,甚至整个机身完全陷入巷道底板,人员行走困难,如图 8-4 所示。

(3)开拓工程报废

榆树井主、副斜井施工近半时,井壁大面积变形无法修复而报废

(a)   (b)

图 8-3　锚索孔出水(含砂)

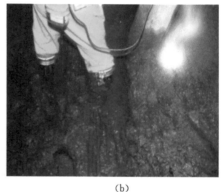

(a)   (b)

图 8-4　顶板淋水与底板泥化

[图 8-5(a)]；榆树井回风大巷(锚网索喷＋U 形支架支护)施工 680.5 m 时，因开裂、变形严重无法修复而报废[图 8-5(b)、(c)]；一号井副立井开掘马头门时引起井壁开裂，伴有突水溃砂现象，被迫将一水平大巷标高上提 80 m，下部 80 m 井筒封闭处理[图 8-5(d)]。

（4）回采巷道报废

13804 工作面两条顺槽共掘进 1 700 m，因后部巷道变形严重、修复成本过高而报废[图 8-6(a)]；13802 工作面两条顺槽共掘进 1 200 m，同样因后部巷道整体变形严重而报废[图 8-6(b)]。

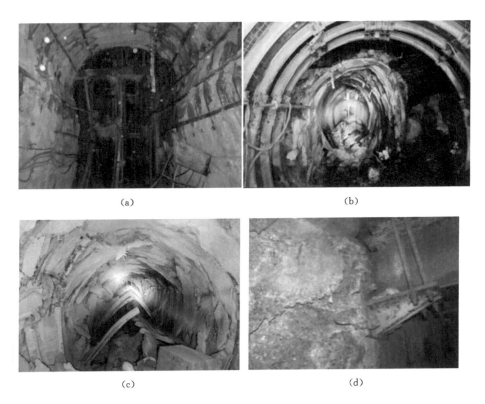

(a)　　　　　　　　　　　　　　　　　　(b)

(c)　　　　　　　　　　　　　　　　　　(d)

图 8-5　报废的井巷工程

(a)　　　　　　　　　　　　　　　　　　(b)

图 8-6　报废的回采巷道

（5）回采巷道闭合

11308 工作面上顺槽沿空掘进（区段煤柱 26 m），工作面回采面积达到第一次见方后，上顺槽顶底板闭合[图 8-7(a)]，下顺槽高度不足 1.2 m[图 8-7(b)]，依靠人工导硐才能勉强维持所需风量。

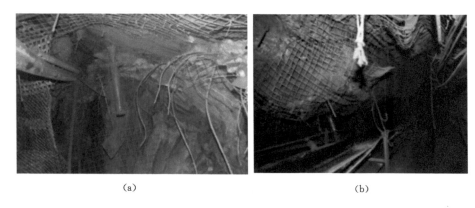

(a)　　　　　　　　　　　　　(b)

图 8-7　煤巷闭合

（6）返修工程量大

一号井和榆树井水平大巷均经过多次返修，前期采取锚网索喷支护，成巷 3 个月后巷道变形导致失去使用功能；扩帮卧底后，采用锚网索喷＋U 形棚支护，4 个月后再次变形而不能使用（图 8-8）；后采用锚网索＋钢筋混凝土砌碹支护，仍有 5% 左右的变形量，但基本能满足使用要求。

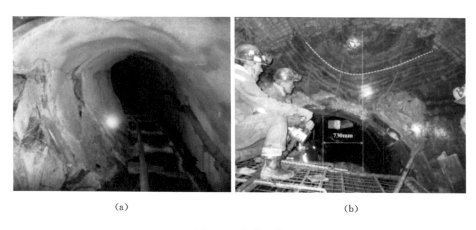

(a)　　　　　　　　　　　　　(b)

图 8-8　巷道返修

8.2　含水率与强度关系测试

前文阐述过砂岩遇水崩解、泥岩遇水泥化问题,开展过崩解试验、泥化试验以及围岩松动圈现场测试、水敏性矿井测试等,这里介绍水对岩石物理力学性能的影响。

8.2.1　单轴抗压强度与含水率试验

所用仪器为 WES-1000B 型数字式万能试验机,采用《岩石物理力学性质试验规程 第 18 部分:岩石单轴抗压强度试验》(DZ/T 0276.18—2015),以 $0.5 \sim 1.0$ MPa/s 的加载速度加荷,测试结果见表 8-1。

表 8-1　单轴抗压强度及含水率测试

测试条件	试验样/个	抗压强度/MPa	平均抗压强度/MPa	含水率/%
天然	86	$3.8 \sim 25.4$	5.9	8.49
干燥	86	$6.7 \sim 28.6$	9.8	—
饱水	76	$0 \sim 6.91$	2.9	12.6

依据软岩指标化定义:单轴抗压强度 $\sigma_c < 25$ MPa 的岩石为膨胀性软岩。饱水状态下单轴抗压强度是天然状态下的 49%,是干燥状态下的 29.6%。单轴抗压强度(y_1)与含水率(x_1)相关性曲线如图 8-9 所示,拟合关系式为:

$$y_1 = 0.021x_1^2 - 0.277x_1 + 9.8$$

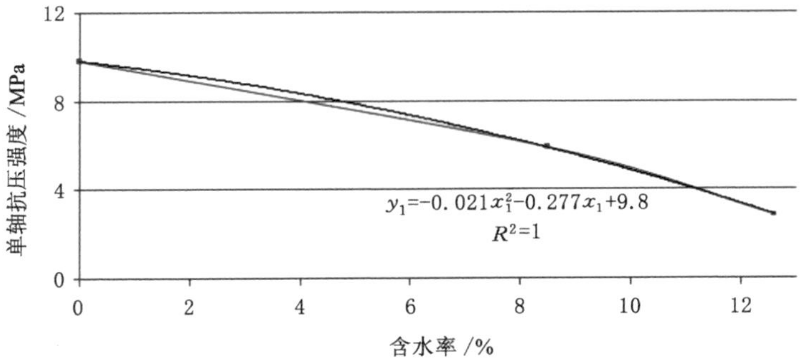

图 8-9　单轴抗压强度与含水率相关性曲线

8.2.2　抗拉强度与含水率试验

以 $0.3 \sim 0.5$ MPa/s 的加载速度加荷,直至试样破坏,试验结果见表 8-2。

表 8-2　抗拉强度及含水率测试

测试条件	试验样/个	抗拉强度/MPa	平均抗拉强度/MPa	含水率/%
天然	72	0.31～0.58	0.44	10.04
干燥	72	4.8～9.2	4.14	—
饱水	72	0～0.57	0.34	13.3

饱水状态下岩石抗拉强度是自然状态下的 77.2%，是干燥状态下的 8.2%。抗拉强度（y_2）与含水率（x_2）相关性曲线如图 8-10 所示，拟合关系式为：

$$y_2 = 0.025x_2^2 - 0.623x_2 + 4.14$$

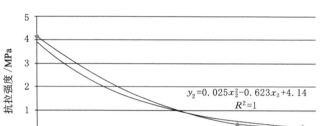

图 8-10　抗拉强度与含水率相关性曲线

8.2.3　抗折强度与含水率试验

以小于 0.2 MPa/s 的加载速度对试样均匀加荷，直至试样破坏，试验结果见表 8-3。

表 8-3　抗折强度及含水率测试

测试条件	试验样/个	抗折强度/MPa	平均抗折强度/MPa	含水率/%
天然	81	0.61～1.24	0.95	9.01
干燥	81	1.24～2.40	1.60	—
饱水	73	0.63～1.13	0.85	12.1

饱水状态下抗折强度是天然状态下的 89.4%，是干燥状态下的 53.1%。抗折强度（y_3）与含水率（x_3）相关性曲线如图 8-11 所示，拟合关系式为：

$$y_3 = 0.003x_3^2 - 0.101x_3 + 1.6$$

通过试验可以说明，水对岩石物理力学性质影响显著。矿井先后采用过锚

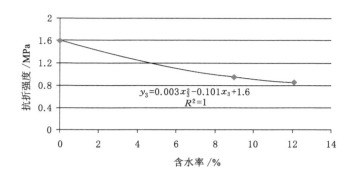

图 8-11 抗折强度与含水率相关性曲线

网索＋钢带支护、锚网索喷支护、锚网索喷＋U 形支架支护、底脚格栅支护、钢管混凝土支护、桁架支护、混凝土砌碹支护等,工程变形虽得到一定程度的控制,但仍没有完全控制劣化效应。

岩层自身物理力学条件是劣化效应内在的物质因素,水则是外在的诱因。在生产过程中管理好顶板淋水、底板渗水、生产用水等,可以弱化水对软岩的影响。

8.3 特殊的底鼓机制

8.3.1 水-岩相互作用

在顶板淋水持续作用下,底板泥岩泥化,强度降低,从而加速了底鼓变形速度;巷道变形后经过人工起底,新鲜面再次暴露在淋水之下,促使底鼓变形持续进行,于是二次起底,如剥洋葱一样剥了一层又一层,如图 8-12 所示。

8.3.2 顺层滑移

巷道掘出后,顶板淋水弱化了巷道底板强度,在两帮支承压力作用下产生了塑性变形,表现为两帮收敛、底鼓。

如图 8-13 所示,底鼓发育阶段,需要克服底板岩层自身挠度,因此底板发生的初始阶段变形速度较为缓慢;人工起底后,底板岩层继续底鼓变形,不再需要克服自身挠度,此时是一种顺层滑移,需要克服的阻力变小,因此变形速度增加。这就是巷道起底后变形加速原因之一。

为提高巷道底板岩石体系的稳定性,可以采取打底板锚杆的方法控制底鼓变形,锚杆相当于将下部多层岩石组合到一起,施工一定的预紧力形成一个整体板梁,大大增加了底板抗弯曲能力。巷道底板一旦底鼓变形,起底后再打锚杆支护,此时靠近两帮的锚杆支设角度不再是垂直穿层,而是近似于顺层支设,支护体系抗变形能力会大大弱化。因此,具体操作时要强调一次做成、一次做好。

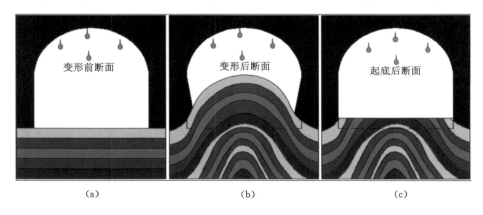

图 8-12　顶板淋水对巷道底板影响过程

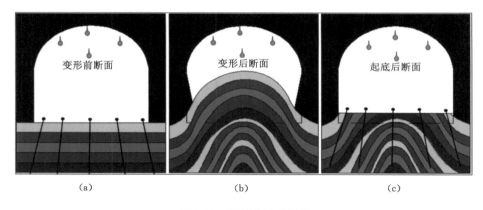

图 8-13　底板支护(锚杆)

8.3.3　静水压鼓机制

本井田地层均为砂岩、泥岩互层型结构,长期实践中发现当巷道底板为砂岩层时会有一定的底板渗水,但底鼓变形量小;某些地段巷道底板为泥岩时无水,但底鼓明显,一方面与巷道顶板淋水或施工影响有关,另一方面与静水压力有关。理论上岩层均为双相介质(液相＋固相),实测井下巷道底板岩层内的液相静压力可达 3～4 MPa(与埋深有关)。

如图 8-14(a)所示,巷道直接底板为具有导水性质的含水砂岩,液态水直接渗入巷道,不受静水压力作用,因此底鼓变形速度较慢,甚至不底鼓。

如图 8-14(b)所示,巷道直接底为具有隔水性质的泥岩,其下部砂岩含水层内静水压力持续作用在泥岩薄板上,加速了底板变形。

如图 8-14(c)所示,根据静水压鼓原理,我们采取深水窝措施,让底板水向水窝内汇集,既改变了静水压力作用的方向,又起到了卸压作用,有利于弱化底鼓变形量。

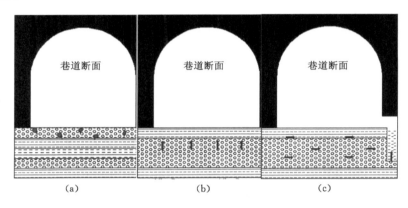

图 8-14 静水压鼓机制

8.4 小水管理措施

8.4.1 底拱隔水

软岩巷道自身承载能力较低,需要加强支护。巷道底板开挖成拱形,拱高约 40 mm,先喷射一层厚度约 100 mm 的 C20 混凝土,按照 800 mm×800 mm 间距打设底板锚杆,然后铺设金属网,最终再次喷射厚约 100 mm 的 C20 混凝土,如图 8-15 所示。这样锚杆、金属网、混凝土喷浆层共同构成一个支护体系,可以强化巷道底板承载能力,同时起到隔水作用。

8.4.2 漏斗接水

当井下出现零星的淋水点时,必须吊挂漏斗状容器接水,漏斗下方连接软质塑胶管,将水导入上一级较粗的排水管内,严禁水落地,如图 8-16 所示。

8.4.3 广布雨棚

当巷道顶板存在大面积淋水时,必须广泛搭设雨棚,以金属网做成槽状骨架,敷上废旧风筒布形成雨棚。吊挂时保持雨棚一端略倾斜,泄水口以漏斗状容器接水,以软管导入下一级直径较大的排水管内,如图 8-17 所示。

图 8-15　反底拱作业现场

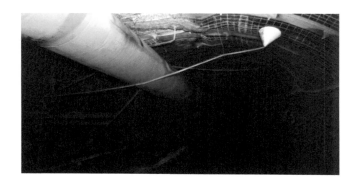

图 8-16　漏斗接水

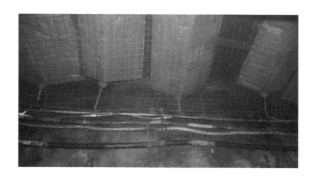

图 8-17　广布雨棚

8.4.4　软管导流

疏放水钻孔以及其他少量水源,凡是能安装软管的均应安装软管导水,多根软管并联接到下一级直径较大的导水管内,通过粗细不同的导水管逐级将水导入水仓内,巷道内不设排水沟,如图 8-18 所示。

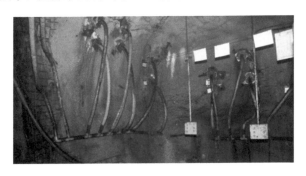

图 8-18 软管导流

8.4.5 深挖水窝

长期从事一线作业的人员发现:在底板有渗水的情况下,底鼓较轻微,有时底板无渗水时反而底鼓更加明显。分析后认为,巷道底板赋存不稳定的砂岩含水层水量不大但静水压力可达 4 MPa。当煤层底板为砂岩层时,裂隙水直接渗入巷道,含水层压力得到释放,此外砂岩较泥岩膨胀性弱,因此底鼓变形较轻;当底板有隔水层时,隔水层下边砂岩水压力持续作用于隔水层上,泥岩暴露后强度降低明显,在静水压力作用下更容易底鼓。据此,在巷道一侧挖掘一个深度2~5 m、1 m 见方的水窝,通过泄水来释放静水压力,有利于减轻底鼓程度,如图 8-19 所示。

图 8-19 现场水窝

8.4.6 集中排放

底板水就近汇集到水窝以及水仓内,其他水源通过漏斗、软管、风动泵等导入水窝或水仓内,安装潜水电泵集中排入采区水仓,如图 8-20 所示。

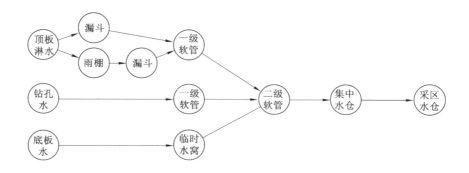

图 8-20　集中逐级排水示意图

8.4.7　喷浆封闭

　　井下环境温度较高、空气湿度经常处于过饱和状态,煤岩体从空气中吸收水分的过程虽然缓慢,但产生的体积扩容压力巨大,尤其是裸露的泥岩吸水后体积膨胀更为明显。图 8-21 所示为 2014 年拍摄于 11504 工作面上顺槽的右帮照片,巷道中上部为煤层,下部为煤层底板泥岩,历时 90 天后泥岩向外凸出,煤岩交界面上错台宽度达到 120 cm,拉断金属网,锚杆随之移动。巷道破底板岩石或破顶板岩石掘进时,均应及时喷浆封闭,努力缩短岩石在空气中暴露的时间。

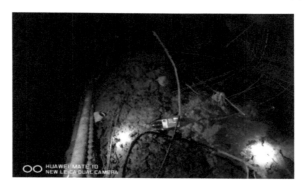

图 8-21　泥岩遇水膨胀

8.5　工程效果

8.5.1　巷道变形控制效果

　　巷道设固定观测点,采用十字线观测法观测巷道变形量(图 8-22),断面收敛系数按下式计算：

$$\gamma_i = \frac{(a_0 + b_0 + c_0 + d_0) - (a_i + b_i + c_i + d_i)}{a_0 + b_0 + c_0 + d_0} \times 100\% \qquad (8\text{-}1)$$

式中　γ_i——断面收敛系数，无量纲；

　　　a_0、b_0、c_0、d_0——初始数据；

　　　a_i、b_i、c_i、d_i——第 i 天实测数据。

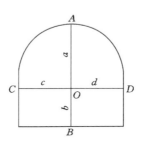

图 8-22　十字线观测点

选择数据较全的 7 条巷道，绘制断面收敛系数与成巷时间相关性曲线（图 8-23），其中 11504 上顺槽、11504 下顺槽、11505 上顺槽、11505 下顺槽 4 条巷道均于 2014 年以前施工，巷道第一次返修或报废时停止观测；11507 上顺槽、11507 下顺槽、11508 上顺槽均于 2018—2019 年期间施工。根据图 8-23 分析如下：

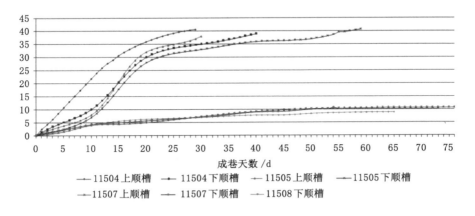

图 8-23　收敛系数历时曲线

（1）2014 年以前施工的巷道收敛系数最大为 40.752%；2018—2019 年期间

施工的巷道收敛系数最大为 10.673%,控制程度达到 73.8%。

(2) 11504 上顺槽和 11505 上顺槽均沿空掘巷(26 m 煤柱),其收敛系数均大于非沿空侧巷道,与在实体煤中掘进的巷道收敛系数基本相当。

可见,在其他支护条件基本一致的情况下,实施上述措施后工程劣化效应得到较好控制。

8.5.2 采煤效率

采用疏干开采技术后,采面上不再有顶板淋水现象,老塘内基本没有涌水(<3 m³/h)。对比图 8-24(a)和(b),可以看出作业环境得到明显改善。其中,图 8-24(a)拍摄于 2013 年 11502 工作面,图 8-24(b)拍摄于 2019 年 11507 工作面,采煤效率大大提升。

(a)　　　　　　　　　　　　　　　　　　(b)

图 8-24　2014 年前后采煤面作业环境

2014 年以前两对矿井平均单面月产原煤 8.1 万 t,2014 年以后平均单面月产量稳步提升,2019 年平均单面月产原煤已达到 46.3 万 t,如图 8-25 所示。

8.5.3 掘进效率

经统计,2014 年以前煤巷平均月进尺 190.6 m 左右,在掘进机械化程度没有明显提高的情况下,2015 年以后虽然增加了反底拱工序,但掘进效率仍稳步提升,2019 年平均单头月进尺达到 520.3 m,如图 8-26 所示。

8.5.4 结论与探讨

(1) 富水软岩劣化效应不单是巷道工程失稳的问题,同时也包括作业场所泥化、采煤面水-砂混合突涌等问题。实践证明,单纯依靠支护手段难以从根本上解决巷道稳定性问题,更不能彻底改善采煤作业环境。岩石物理、水理性质是富水软岩劣化效应的物理内因,水则是外在诱因且是关键因素之一。

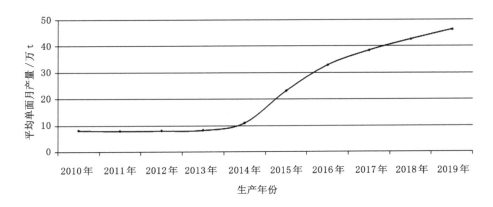

图 8-25　历年平均单面月产量

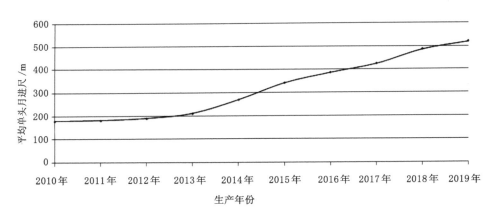

图 8-26　历年平均月成巷进尺(单头)

（2）通过"大水防控、小水管理"措施的落实，巷道收敛系数最大为 10.673%，控制程度提高了 73.8%；工作面平均月产原煤达到 46.3 万 t，是以往的 5.71 倍；煤巷平均月进尺由过去的 190.6 m 提高到 520.3 m，提高了 173%。可见，"大水防控、小水管理"是控制软岩劣化效应直接且经济有效的手段。

（3）富水软岩劣化效应是受多因素影响的极复杂的系统问题，本书从地质条件分析和入手，通过巷道收敛系数、原煤生产效率和掘进效率对比，试图透过现象证明控制措施的合理性和可行性，但没有从微观上进一步研究和探讨内部机理，这是今后研究的方向。

8.6 掘进头小水综合管理规定

8.6.1 排水系统

（1）每个采煤工作面上顺槽开门后，掘进不超过 100 m 前优先施工一个集中水仓，服务于工作面探放水工作，储水能力不小于 30 m³。水仓剖面尺寸如图 8-27 所示。

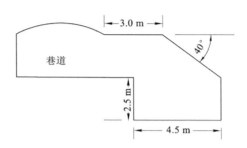

图 8-27　水仓剖面图尺寸

（2）每个采煤工作面下顺槽开门后，掘进不超过 100 m 前优先施工工作面水仓，既可用于顺槽掘进期间排水，也可为后期回采服务，水仓储水能力不小于 60 m³。

（3）主排水管路规格为 φ225 mm，以便于将各种水通过主排水管路集中排放到外部水仓内，排水管路滞后迎头位置不大于 60 m。

（4）排水管路上每隔 100 m 安装一个三通（与探水硐室对应），规格为 φ50 mm，口向上安装。

（5）顺槽内每 200 m 挖一个集水窝，原则上在钻机硐室内施工，待该组钻孔结束后将原水窝加大，主排水管路对应位置要装有三通。

（6）集水窝规格为 2.0 m×2.0 m×2.5 m（长×宽×深），金属网＋风筒布搪壁，壁间以喷浆料充填，厚度为 100 mm；上口加一道工字钢梁，便于吊挂水泵，盖板采用废旧锚杆或废旧钢钎焊制，尺寸统一。

（7）掘进迎头常备一台性能完好的潜水电泵，排水能力不小于 30 m³/h，潜水电泵存放位置不大于掘进迎头 100 m。

8.6.2 供水系统

（1）供水管路规格为 φ89 mm，每隔 50 m 安装一个三通（对应于每个探水硐室），三通规格为 φ25 mm。

（2）供水管中从外部巷道开门起，每隔 100 m 安装一个截门，保证内部捎接管路时不影响外部供水。

8.6.3　压风系统

（1）压风管路规格为 $\phi110$ mm，每隔 50 m 安装一个三通（对应于每个探水硐室），三通规格为 $\phi25$ mm。

（2）压风管中从外部巷道开门起，每隔 100 m 安装一个截门，保证内部捎接管路时不影响外部供风。

8.6.4　水泵安装

（1）原则上除了顺槽外部集中水仓及顺槽中集水窝内安装潜水电泵外，其他排水点尽量采用风动泵排水。

（2）上下顺槽外部集中水仓内各安设两台潜水电泵，一台工作、一台备用，单台水泵排水能力不小于 30 m^3/h，扬程满足使用要求；工作面回采前，下顺槽潜水电泵更换成排水能力不小于 100 m^3/h（单台）的电泵，一台工作、一台备用。两台电泵并行吊挂，一高一低；备用电泵带电备用，具备自动启停功能。

（3）顺槽中部集水窝内安装两台潜水电泵，一台工作、一台备用。两台电泵并行吊挂，一高一低；备用电泵带电备用，具备自动启停功能。

（4）探水硐室内打钻期间安装风动泵排水，打钻结束后孔内流水以软管集中导入主排水管路或就近导入集水窝内，如孔口仍有漏水，需在该硐室内保留一台水泵。

8.6.5　探放水硐室

（1）随着顺槽的掘进，每 100 m 施工一个探水硐室，探水硐室施工在非工作面一侧，规格为 4.0 m×3.5 m×3.0 m（长×宽×高），硐室底板高于巷道底板 1.0 m，顶部略高于巷道顶板。

（2）探水硐室内侧拐角处施工圆形沉淀池，直径 1.2 m，深 1.5 m，金属网＋风筒布搪壁，壁间以喷浆料充填，厚度为 100 mm。

（3）探水硐室及水窝支护方式与巷道一致，并保证水窝内的水不向巷道内渗漏。

8.6.6　探放水施工

（1）严格按设计参数施工探放水孔，钻孔方位角实际与设计误差不超过 5°，钻孔仰角误差不超过 1°。

（2）努力做到孔口管固定牢固、孔口无漏水。

（3）钻孔编号与探水硐室编号一致，如轨道顺槽第一组钻孔编号为 G1-1，G1-2，G1-3…。G1-1～G1-6 孔为工作面侧，G1-7～G1-12 为非工作面侧；G1-13～G1-14 为与顺槽平行的外部两孔（掘进方向后方），G1-15～G1-16 为与顺槽平等的内侧两孔(掘进方向前方)。其中,单数孔为小角度孔、双数孔为大角度孔。

(4) 探放水管理牌板统一格式、统一吊挂标准,字迹工整清晰。

(5) 每台钻机配备两台风动泵,一台工作、一台备用,探放水项目部所属水泵随钻机挪移。

(6) 钻探过程中孔内流出的泥砂要装袋并码放整齐,集中外运,泥砂量较大时按照工前定价原则给项目部相应的零工。

(7) 每个钻孔施工结束后,由现场安监员验收孔深,地测科、生产科不定期抽检,每旬不少于 1 次。验收签字并集中装订,月底交地测科备案。

8.6.7 管理

(1) 探水硐室编号管理:胶带顺槽从外向里依次编号为 P1,P2,P3…;轨道顺槽从外向里依次编号为 G1,G2,G3…。

(2) 探水硐室编号并挂上牌板管理,内容包括施工单位、施工日期、规格、负责人等,牌板统一位置和高度悬挂于硐室外部煤壁上,牌板规格为 600 mm× 400 mm(长×宽)。

(3) 探水硐室施工滞后于迎头不得大于 120 m,超过部分进尺当月不予验收和结算。

(4) 所有水泵开关要上架管理、固定牢固,并统一放置在水窝一侧。

(5) 各类水仓或水窝内淤泥及时清理,不能影响储水功能或影响排水。

(6) 凡顶板淋水处必须用雨棚配合截水槽、导水管及漏斗等接水,导水管规格以能满足导水需要为准,做到横平竖直且美观。

(7) 探水硐室探放水期间,现场排水设备、文明卫生等由探放水项目部负责;探放水工程完工、现场安装好导水管后,现场管理转交掘进工区负责。

(8) 各生产工区明确一名分管防治水副区长,并将人员名单报生产科、地测科备案。

第 9 章　底板水防治

9.1　研究的必要性

9.1.1　侏罗纪煤田开发需要

西部矿区是我国重要的能源战略基地,侏罗系煤田可采煤层层数多、资源储量丰富,煤系地层底部宝塔山砂岩厚度大、水压高、弹性释水能力强,严重威胁中下组煤特别是下组煤的开采安全。目前,西部矿区尚处于上组煤开采阶段,对下部宝塔山砂岩研究程度较低,可供参考的资料十分匮乏,致使个别早期进入中下组煤开采的矿井遭受突水后却无从认定突水水源和突水通道,更无法采取防范措施。

随着西部大开发的整体推进,上组煤资源逐渐枯竭,逐渐转入中下组煤开采,因此应提前做好宝塔山砂岩水文地质补充勘探工作。

9.1.2　矿井生产接续需要

以内蒙古上海庙矿区新上海一号煤矿为例,以一次突水事故为契机,通过水文地质补充勘探,发现 21 煤底板存在多层含砾粗砂岩,砂岩层富水,否定了历次地质报告中"18 煤底板为宝塔山砂岩"的论述;抽水试验查明该含水层单位涌水量为 0.040 4~1.331 5 L/(m·s),渗透系数为 0.286 1~2.105 3 m/d,从而确定 21 煤底板为宝塔山砂岩含水层;用扫描电子显微镜(SEM)观察砂岩组,多为泥质胶结,块状结构,孔隙性较好,以中小孔隙为主。本研究分析了"11·25"突水发生的原因,即 13 m 隔水岩层无法抵抗巷道底板 4.5 MPa 的静水压力,导致宝塔山砂岩水突破性涌入矿井;以含水厚度、单位涌水量、渗透系数为主控因素,采用多因素融合方法分析新上海一号井田中部的一分区富水性较强、二分区及三分区富水性较弱的富水性分布特点;通过井下两次放水试验,绘制了水位下降曲线和水位恢复曲线,得出宝塔山砂岩水渗流场总体特征和弹性释水能力强的结论,水质分析表明该含水层水为 Cl·SO_4-Na 型,矿化度为 1 453.37~3 219.84 mg/L,pH 值为 8.05~9.21;18 煤底板承受水头压力为 2.602~6.580 MPa,平均 4.349 MPa,底板突水系数为 0.04~0.36 MPa/m,如果不采取疏降措施直接开采 18 煤,预计底板含水层正常涌水量将达到

1 200.79 m³/h,最大涌水量 1 860.84 m³/h,超过工作面及矿井排水系统的排水能力;为解除 18 煤开采突水危险,设计了 4 个疏放水钻场,共 10 个放水孔,利用 Visual Modflow 软件建立宝塔山砂岩地下水流三维数值模型,模拟出 4 个放水阶段的水头高度,绘制 18 煤底板阶段性突水系数等值线图,经过 215 天连续放水,预计总放水量为 487.6 万 m³,一分区 18 煤底板突水系数均小于 0.06 MPa,可以解除 10 个采煤工作面突水危险性。

井田南翼三分区的 18 煤以及下部 19、20、21 煤仍受底板水威胁,开采前还需另外进行解危设计。

一水平标高+880 m,大巷位于 8 煤内,服务于 8、15 煤开采;二水平设计标高+733 m,大巷位于 21 煤内,服务于 16~21 煤。

井田东、西两侧均受区域性大断层控制,均为逆断层,落差大于 150 m;井田内部以两条近东西向、落差 15~20 m 的断层为界,将井田划分为三个分区,井田中部为一分区、北部为二分区、南部为三分区,如图 9-1 所示。首先开采一分区,接着开采二分区,最后开采三分区。集中水平大巷贯穿三个分区,分区内上下水平之间以暗斜井沟通。

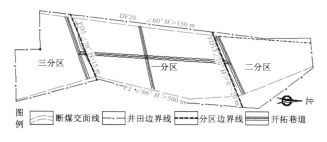

图 9-1　井田开拓布局

采掘工程主要集中在一分区,一分区 8 煤尚余 1 个工作面未开采,15 煤尚余 3 个工作面未开采,正在开拓北翼二分区的 8 煤及 15 煤,根据矿井生产接续计划,5 年后将回采一分区的 18 煤。18 煤及以下可采煤层均受下部宝塔山砂岩含水层威胁,需要提前采取解危措施。多年来的实践表明,本区地层不具有可注性,采取注浆改造底板隔水层的方法不可行,因此应重点研究疏水降压解危措施。

9.2　对宝塔山砂岩研究过程

9.2.1　勘探与补充勘探

（1）自 1953 年开始,井田范围内先后有石油系统、煤炭系统开展前期地质勘探工作,对地质构造、含煤情况做了概略性的描述。

(2)1966—2004 年,多家单位在井田外围进行煤田地质勘查工作,可以给本井田的地层层序、岩性、构造特征、煤层、煤质情况等提供区域性资料与借鉴。

(3)2004 年,宁夏回族自治区核工业地质勘查院在井田外围施工 2 个钻孔,二维地震测线 35.13 km,物理点 1 613 个,提交了《内蒙古自治区鄂托克前旗锁草台地区煤炭资源预查地质报告》。

(4)2005 年,中国煤炭地质总局第一勘探局在本井田施工 X11、X6 号钻孔,提交了《内蒙古自治区鄂托克前旗新上海庙勘查区煤炭普查报告》。

(5)2007 年,中国煤炭地质总局第一勘探局地质勘查院在井田内施工钻孔 46 个,钻探进尺 25 468.79 m。其中,抽水试验孔 5 个,抽水试验 9 层次,涉及宝塔山砂岩的抽水试验 3 层次(表 9-1),提交了《内蒙古自治区鄂托克前旗新上海一号井田煤炭勘探报告》。

表 9-1　抽水试验成果表

钻孔号	抽水段高/m	单位涌水量/[L/(s·m)]	渗透系数/(m/d)	包含地层
2403	115.79	0.002 89	0.007 71	混合抽水
1602	109.8	0.006 42	0.013 1	混合抽水
1202	390.38	0.009 08	0.011 4	混合抽水

涉及宝塔山砂岩的抽水试验均为混合抽水,2403 孔抽水层段从 15 煤底板至 21 煤底板;1602 孔抽水层段从 17 煤底板至 21 煤底板;1202 孔抽水层段包含直罗组下段至 21 煤底板。大段高混合抽水包含着富水性弱甚至不含水的砂岩以及部分宝塔山砂岩,取得的水文地质参数不能代表宝塔山砂岩的富水特征。

(6)2013 年,中煤科工集团西安研究院承担内蒙古上海庙矿业有限公司新上海一号井田水文地质补充勘探设计任务,中国煤炭地质总局第一勘探局地质勘查院负责施工,提交了《内蒙古上海庙矿业有限公司新上海一号井田水文地质补充勘探报告》。本次勘探将白垩系砾岩、直罗组七里镇砂岩、8 煤顶板风氧化带以及煤系地层内部砂岩层作为水文勘探的目标层段,共抽水试验 16 孔、18 层次,没有涉及宝塔山砂岩含水层。

侏罗系延安组含煤岩系内可采煤层层数各矿区并不统一,有的矿区可采煤层编号至 21 煤,有的矿区可采煤层编号至 18 煤,19、20、21 等煤层缺失,如宁东矿区灵新煤矿最下部可采煤层为 18 煤,上海庙矿区榆树井煤矿的井田西北部沉积了所有煤层,但井田的东南部 19、20、21 等煤层缺失。可见,宝塔山砂岩含水层所处地层层位的正确表述应为:位于延安组煤系地层底界。新上海一号井田历次勘探报告简单地参照某个井田地质报告,错误地认定"18 煤底板灰白色砂岩宝塔山砂岩易于识别,煤层对比可靠"。足见以往对宝塔山砂岩认识的不足,从设计到施工均没有将其列为重点勘探对象,甚至设计院直接将二水平大巷设计在 21 煤内(21 煤底板即含水层)。

9.2.2 底板突水

一分区胶带暗斜井从 +880 m 胶带大巷,以 −18°下山施工进入二水平(+733 m),斜长 543 m,二水平大巷位于 21 煤内。2015 年 11 月 25 日上午 8 时左右,暗斜井掘进 493 m,巷道底板标高 +746 m(下距 21 煤约 13 m),底板发生突破性涌水(图 9-2),伴随着强大的暴鸣声,实测涌水量为 3 600 m³/h,堵水后累计排水约 134 万 m³("11·25"突水),无人员伤亡。

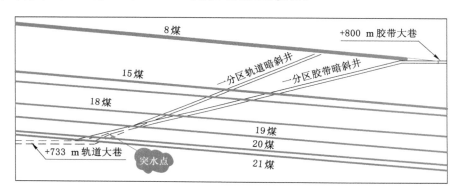

图 9-2 一分区暗斜井地质剖面

胶带暗斜井和轨道暗斜井穿过 18 煤底板时未见水,胶带暗斜井与上部 8 煤采区上山平面重叠,8 煤巷道未揭露过断层或其他构造,三维地震时间剖面上也未发现任何异常。多次组织国内专家分析,对突水水源、通道、水压等无法说清。唯一确定的是,本次为巷道底板突水,伴随着强大的暴鸣场,说明水源在巷道下方,且压力大。甚至有的专家根据突水特征,猜测巷道底板有隐伏陷落柱导通深部奥陶系灰岩水。

地面"直 1"排水孔安装 ϕ325 mm×200 mm 无缝钢管,计划用作二水平泵房排水管路,距离突水点平距约 158 m。井下突水后,安装钻孔从管内继续向下钻进 147.9 m,对 21 煤底板抽水试验,单位涌水量为 0.246 9 L/(m·s),渗透系数为 0.689 3 m/d。推测突水水源为 21 煤底板砂岩含水层。事后分析,在井下正在出水的情况下,地面抽水试验取得的参数小于实际值。

2016 年 1 月 23 日具备水文观测条件,2016 年 2 月 29 日突水通道封堵成功,水位变化曲线如图 9-3 所示。

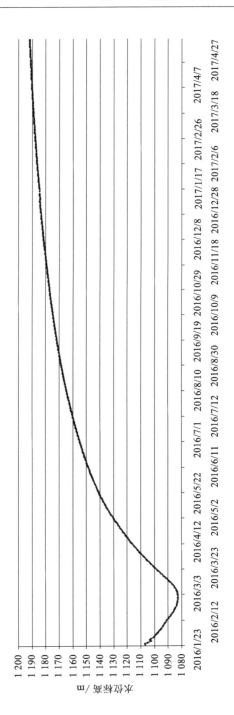

图 9-3　含水层水位变化曲线

突水原因分析：本次突水含水层共失水约 134 万 m³，应该有一定的水头永久损失，推测原始水位应高于+1 194.44 m；突水点标高+746 m，则突水点巷道底板承受的水压超过 4.5 MPa；21 煤底板下确为含水层，13 m 隔水岩层不足以抵抗 4.5 MPa 水压，因而导致突水。

9.3 补充勘探

9.3.1 地面探查

为进一步查明宝塔山砂岩水文地质特征，2016 年后先后两次开展水文地质补充勘探，分两期施工了 23 个钻孔，对宝塔山砂岩抽水试验 13 次，单位涌水量为 0.040 4～1.331 5 L/(m·s)，渗透系数为 0.286 1～2.105 3 m/d，表明该含水层具有水头高、富水强、富水性不均的特点，从此揭开了宝塔山砂岩含水层神秘的面纱。

宝塔山砂岩由多层砂岩组合而成，砂岩有灰白色、砖红色两种，均为含砾粗粒砂岩，胶结疏松，岩芯可用手搓碎(图 9-4)。

图 9-4　宝塔山砂岩岩芯照片

利用扫描电子显微镜(SEM)对砂岩样进行扫描电镜试验，从宏观[图 9-5(a)，放大 400 倍]和微观[图 9-5(b)，放大 4 000 倍]两个方面对比砂岩组成结构：多为泥质胶结，或泥质与钙质混合胶结，块状结构，孔隙性较好，以中、小孔隙为主；孔隙呈无序分布，几何形状多样且不规则，其面积和体积呈现不规则形状，具有多孔隙连通网络的复合结构。

(a) (b)

图 9-5 SEM 扫描图

9.3.2 放水试验

（1）第一次放水试验

设计 11 个钻孔,4 个放水孔集中布置,7 个观测孔分散布置,均在 15 煤巷道内开孔。一级开孔口径 ϕ186 mm,钻进 16.5 m,下入 ϕ159 mm×6 mm 止水套管 16 m;二级开孔口径 ϕ133 mm,下入 ϕ108 mm×6 mm 止水套管 100 m。以 ϕ133 mm 钻头裸孔穿过含水层 5 m 时终孔。

2017 年 4 月第一钻孔(编号 G4)施工至 96 m 时,孔底出水,由渗流至喷涌的过程经历了大约 30 min,水量达到 380 m³/h,水中泥砂含量约 5%[图 9-6(a)],最大颗粒物直径 8 cm[图 9-6(b)]。由于水量、水压超出预期,且二级套管尚未下入,因担心一级套管抗不住水压,决定注浆封闭钻孔,第一次放水试验终止。

（2）第二次放水试验

第二次放水试验将观测孔放在地面,井下施工 4 个放水孔,孔间距 15 m,在 8 煤巷道内开孔,开孔标高+880 m。钻孔见水后因水压大有顶钻现象,未能达到设计孔深,仅揭露含水层 5～12 m 即终孔。图 9-7 所示照片摄于施工现场。

试验过程分为单孔试放水、单孔放水、多孔放水,共历时 88 天,放水量为 388 679 m³;单孔放水平均水量为 237.91 m³/h,多孔放水平均水量为 444.10 m³/h,地面观测孔水位最大降深 101.91 m(B-45 孔,平距 560 m),位于 10 km 以外的 B-37 观测孔水位降低 6.1 m,放水试验过程中水位变形历时曲线如图 9-8 所示。

(a)   (b)

图 9-6 孔内冲出的泥砂与砾石

图 9-7 钻孔揭露含水层

根据放水孔水位降深及放水量求得单位涌水量为 0.928 1 L/(s·m),渗透系数为 0.827 m/d。

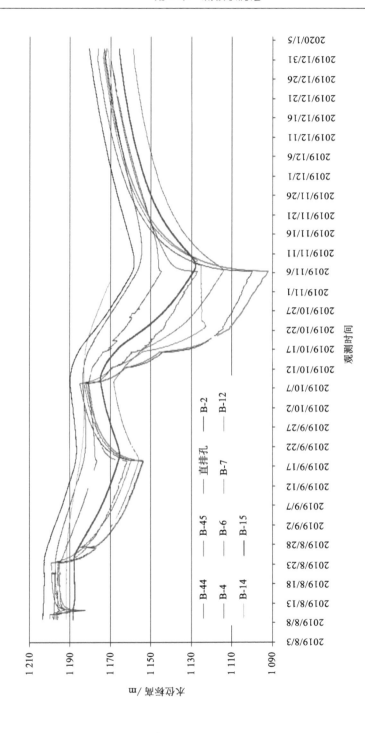

图 9-8 观测孔水位变形历时曲线

9.4 宝塔山砂岩水文地质特征

9.4.1 地层沉积结构复杂

宝塔山砂岩含水层是一套由 3~9 层含砾石砂岩和 4~11 层泥岩共同组成的复杂含水岩组,地层总厚度 76.5~106.7 m,其中砂岩厚度 18.55~83.81 m,平均 52.97 m。位于 21 煤底板下 0~29.55 m,平均 5.62 m;位于 18 煤底板以下 22.47~83.8 m,平均 51.63 m。

9.4.2 富水性不均

单位涌水量为 0.04~1.33 L/(s·m),平均 0.649 L/(s·m);渗透系数为 0.254~2.105 m/d,平均 1.138 m/d。

采用多因素融合方法初步评价宝塔山砂岩富水性规律:现有含水层厚度、单位涌水量、渗透系数三个指标可作为主控因素;层次结构简单,可以直接采用"专家评分"方法,设含水层厚度、单位涌水量、渗透系数的权重值分别为 0.3、0.35、0.35;各参数乘以相应权重值后分别进行归一化处理;将归一化后的三种参数相加,然后再次进行归一化,使最终的取值区间为 0~1,得到富水性指数列表(表 9-2),以此绘制宝塔山砂岩富水性指数等值线图(图 9-9)。

表 9-2 富水性指数列表

钻孔号	含水层厚/m	单位涌水量/[L/(s·m)]	渗透系数/(m/d)	富水性指数
直 1	45.05	0.246 9	0.689 3	0.235
B-2	59.50	0.218 5	0.344 3	0.048
B-4	34.04	0.564 9	0.394 5	0.076
B-6	45.75	0.979 5	1.125 2	0.470
B-7	53.15	1.120 7	2.024 6	0.956
B-8	53.55	0.449 9	1.770 1	0.819
B-12	56.85	1.331 5	2.105 3	1.000
B-14	18.55	0.040 4	0.286 1	0.017
B-37	56.35	0.148 7	0.253 9	0.000
B-44	83.81	1.070 9	1.429 0	0.634
B-45	58.98	1.067 9	2.060 3	0.975
B-47	42.18	0.434 8	1.095 5	0.455
B-15	31.99	0.483 3	1.522	0.685

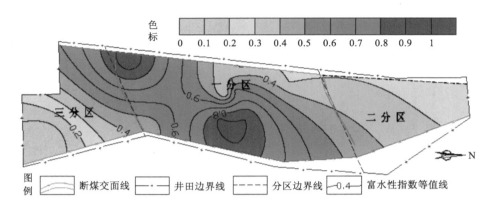

图 9-9　宝塔山砂岩富水性指数等值线图

由图 9-9 可以看出,井田内宝塔山砂岩含水层富水性有明显的差异性,一分区富水性最强,二分区、三分区富水性较弱。

9.4.3　水头高、水压大

水位埋深 87.39～144.39 m,平均 127.18 m(图 9-10),井田内各可采煤层埋藏较深,相应的煤层底板隔水层承受水压大。18 煤底板承受水头压力 2.602～6.580 MPa,平均 4.349 MPa,底板突水系数为 0.04～0.36 MPa/m。

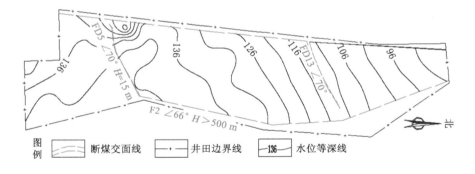

图 9-10　宝塔山砂岩含水层水位埋深

9.4.4　静储量丰富

如果不采取疏降措施,在现在水压条件开采 18 煤,底板水必将涌入采场,采用大井法预计正常涌水量为 1 200.79 m³/h,最大涌水量为 1 860.84 m³/h。第二次放水试验共排水近 40 万 m³,恢复水位与放水前水位相比,永久水头损失不足 20 m,也说明含水层自身弹性释水能力较强。可见,采取疏降解危的措施十分必要,否则一旦突水,其水量将超过工作面和矿井排水系统的排水能力。

9.4.5　水化学特征

水质类型为 $Cl \cdot SO_4$-Na 型,矿化度为 1 453.37～3 219.84 mg/L,pH 值为 8.05～9.21。

9.5　解危设计与效果预计

9.5.1　放水钻场

根据矿井五年规划,井田内 18 煤开采顺序是一分区→二分区→三分区。如果一次性将全矿井 18 煤都解放出来,井下尚不具备打放水孔的条件。采取分步走策略,先解放一分区、二分区,井田南翼的三分区 18 煤埋藏最深、承受水压最大,最后解放。暂时设计 4 个钻场,均位于一分区内,如图 9-11 所示。疏放水钻场开孔层位与标高见表 9-3。

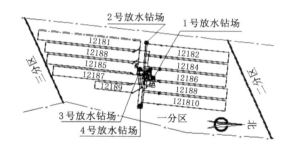

图 9-11　放水钻场及一分区 18 煤设计

表 9-3　疏放水钻场开孔层位与标高

	1 号钻场	2 号钻场	3 号钻场	4 号钻场
开孔层位	8 煤	15 煤	18 煤	15 煤
开孔标高/m	+883	+916	+766	+735

1 号放水钻场:共 4 个放水孔(第二次放水试验孔),位于矿井+880 m 水平井底车场附近,开孔于 8 煤内,开孔标高+883 m,距离中央水仓较近,便于排水。

2 号放水钻场:位于 114 采区轨道上山与胶带上山联络巷内,开孔于 15 煤内,开孔标高+916 m,该位置便于敷设水管排水。

3 号放水钻场：位于一分区胶带暗斜井（2015 年突水时）停头位置，在前两个放水钻场掩护下再施工，开孔于 18 煤内，开孔标高＋766 m。

4 号放水钻孔：位于井田西部 114 辅助轨道下山内，开孔于 15 煤内，开孔标高＋735 m，作为疏水降压的最后环节。

9.5.2　方案设计与效果预计

《煤矿防治水细则》规定："底板受构造破坏地段突水系数一般不得大于 0.06 MPa/m，隔水层完整无断裂构造破坏的地段不得大于 0.1 MPa/m"。本区为弱胶结软岩地层，各类岩石单轴抗压强度平均为 5.9 MPa，远远小于东部矿区，故本书将安全级别上提一个等级，将隔水层无断裂构造破坏的地段临界突水系数设为 0.06 MPa/m，而断层附近则以留设防水煤柱解决。

Visual Modflow 软件是目前国际上最流行的三维地下水流和溶质运移模拟评价的标准可视化专业软件系统，基于该系统建立宝塔山砂岩含水层地下水流三维数值模型，分 4 个放水阶段递进式预计疏降解危效果。

中央泵房排水能力为 32 640 m³/h，矿井正常涌水量为 2 400 m³/h，控制放水，确保矿井总水量不超过系统排水能力。

第一阶段：1 号钻场的 4 个放水孔同时放水，按单孔流量 2 000 m³/d 计，模型运行 3 480 h（145 d）后，渗流场趋于稳定，水位不再下降。根据模拟运算的水位计算 18 煤底板突水系数，绘制突水系数等值线图（图 9-12），此时仅 12182 工作面部分区域突水系数小于 0.06 MPa/m，表明仅投入 1 号钻场放水不足以将一分区的 18 煤从受水威胁状态中解放出来。

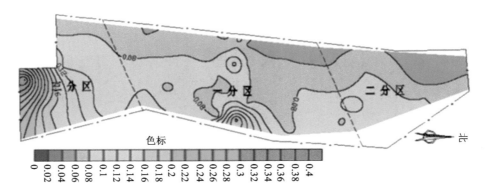

图 9-12　第一阶段突水系数等值线图

第二阶段：1 号和 2 号钻场（6 孔）同时放水，单孔流量按 2 000 m³/d 计，模型总运行 4 224 h（176 d）时，2 号钻场的水位趋近于孔口标高（＋916 m），水量趋于零,此时渗流场趋于稳定,整体水位不再下降。根据模拟运算的水位计算 18 煤底板突水系数,绘制突水系数等值线图(图 9-13),此时仅 12181 及 12182 工作面部分区域底板突水系数小于 0.06 MPa/m,其他工作面仍未得到解放。

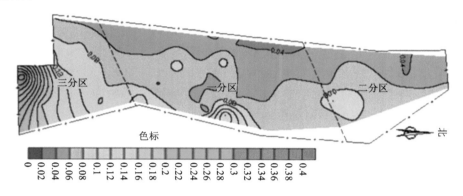

图 9-13　第二阶段突水系数等值线图

第三阶段:在第二阶段放水末期,1 号钻场单孔水量衰减至 1 000 m³/d,此时 3 号钻场投入使用,单孔流量控制为 2 000 m³/d,模型总运行 4 872 h(203 d)后,1 号钻场的水位趋近于孔口标高(+883 m),水位不再下降,水量趋于零,此时整个渗流场趋于稳定(图 9-14),12189 及 121810 工作面部分区域底板突水系数仍大于 0.06 MPa/m。

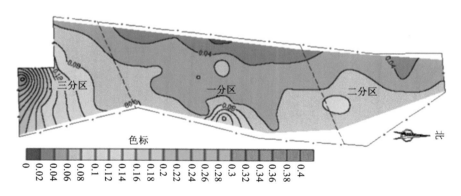

图 9-14　第三阶段突水系数等值线图

第四阶段:在第三阶段放水末期,4 号钻场投入使用,3 号和 4 号钻场单孔流量均控制为 2 000 m³/d,模型总运行 5 160 h(215 d)后,渗流场趋于稳定,钻孔水量均稳定在 1 000 m³/d 左右,水位不再下降(图 9-15),此时一分区所有工作面底板突水系数均小于 0.06 MPa/m,达到安全回采状态。后期维持放水的总水量基本稳定在 4 000 m³/d。

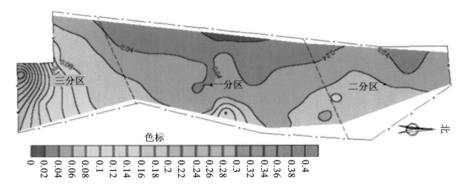

图 9-15　第四阶段突水系数等值线图

数值模拟过程表明,经过 4 个阶段、历时 215 天后,总放水量约 487.6 万 m³,一分区 18 煤所有工作面均得到解放;通过控制流量放水,整个过程中矿井总涌水量均未超过中央泵房排水系统的排水能力。

实际施工时,第二个放水阶段结束后,一分区浅部工作面(12181、12182 工作面)即可以安全回采,第三、第四阶段放水与采煤可以同步进行。

9.5.3　结论与探讨

(1)目前我国西北地区侏罗纪煤田主要开采上组煤,暂不受宝塔山砂岩含水层影响,对宝塔山砂岩的勘探程度严重不足,可供参考的资料十分匮乏。随着开采煤层向中下煤组延深,将有更多的矿井受该含水层威胁。延安组含煤地层在不同的矿区可采煤层层数不等,因此不宜以某一可采煤层定位该含水层的地质层位。

(2)宝塔山砂岩是若干层含砾粗砂岩的组合,胶结疏松,孔隙及裂隙发育;水头高、水位埋藏浅,相对于埋藏较深的可采煤层水压大、弹性释水能力强、富水性不均,水质为 $Cl \cdot SO_4$-Na 型,矿化度为 1 453.37～3 219.84 mg/L,pH 值为 8.05～9.21。

(3)新上海一号煤矿"11·25"突水水源为宝塔山砂岩含水层,13 m 厚的隔水层不足以抵抗底板下 4.5 MPa 的水压而发生突破性涌水。18 煤底板承受水头压力为 2.602～6.580 MPa,底板突水系数为 0.04～0.36 MPa/m,天然状态下开采底板砂岩水必将涌入采场,预计正常涌水量为 1 200.79 m³/h,最大涌水量为 1 860.84 m³/h,超过工作面及矿井排水系统的排水能力,因此采前必须采取疏水降压措施,确定突水系数小于 0.06 MPa/m。

（4）基于渗流场 Visual Modflow 数值模拟,设计 4 个放水钻场,通过单孔流量控制,分阶段放水,历时 215 天,总放水量约 487.6 万 m³,一分区 10 个采煤工作面突水危险性得以解除。而三分区的 18 煤以及下部 19、20、21 等其他煤层仍受底板水威胁,开采前需要专门进行解危设计。

参 考 文 献

[1] 白矛,刘天泉,仲惟林.用力学方法研究岩层及地表移动[J].煤炭学报,1982 (3):27-38.

[2] 比尼斯基 Z T.矿业工程岩层控制[M].孙恒虎,孙继平,马燕合,译.徐州:中 国矿业大学出版社,1990.

[3] 曹海东.煤层顶板次生离层水体透水机理及防治技术[J].煤田地质与勘探, 2017,45(6):90-95.

[4] 陈红江,李夕兵,刘爱华.矿井突水水源判别的多组逐步 Bayes 判别方法研究 [J].岩土力学,2009,30(12):3656-3659.

[5] 陈陆望,桂和荣,殷晓曦,等.临涣矿区突水水源标型微量元素及其判别模型 [J].水文地质工程地质,2010(3):17-22.

[6] 陈守建,王永,伍跃中,等.西北地区煤炭资源及开发潜力[J].西北地质, 2006,39(4):40-56.

[7] 陈玉萍,张生华.软岩巷道二次支护最佳时间的研究[J].矿山压力与顶板管 理,2003(2):56-58.

[8] 褚彦德.宁东鸳鸯湖矿区红柳煤矿顶板砂岩突水机理分析[J].中国煤炭地 质,2013,25(4):34-39.

[9] 杜时贵,翁欣海.煤层倾角与覆岩变形破裂分带[J].工程地质学报,1997(3): 20-26.

[10] 范立民,马雄德,蒋辉,等.西部生态脆弱矿区矿井突水溃沙危险性分区[J]. 煤炭学报,2016,41(3):531-536.

[11] 范立民.神府矿区矿井溃砂灾害防治技术研究[J].中国地质灾害与防治学 报,1996,7(4):35-38.

[12] 范志胜.变形分析法在计算覆岩导水裂缝带高度的应用[J].煤炭工程,2012 (S1):97-99.

[13] 范宗乾,王振,方华.含水沙层下浅埋煤层的安全开采技术[J].现代矿业, 2014(1):147-148.

[14] 方刚,靳德武.铜川玉华煤矿顶板离层水突水机理与防治[J].煤田地质与勘

探,2016,44(3):57-64.

[15] 冯启言,周来,杨天鸿.煤层顶板破坏与突水实例研究[J].采矿与安全工程学报,2007,24(1):17-21.

[16] 冯书顺,武强.基于 AHP-变异系数法综合赋权的含水层富水性研究[J].煤炭工程,2016,48(S2):138-140.

[17] 高延法.岩移"四带"模型与动态位移反分析[J].煤炭学报,1996,21(1):51-56.

[18] 高延法,王波,王军,等.深井软岩巷道钢管混凝土支护结构性能试验及应用[J].岩石力学与工程学报,2010(S1):2604-2609.

[19] 高延法,钟亚平,李建民,等.覆岩离层带多层位注浆减沉的理论与实践[J].煤矿开采,2002(2):42-45.

[20] 宫凤强,鲁金涛.基于主成分分析与距离判别分析法的突水水源识别方法[J].采矿与安全工程学报,2014(2):236-242.

[21] 国家煤矿安全监察局.中国煤矿水害防治技术[M].徐州:中国矿业大学出版社,2011.

[22] 韩东亚,王经明.海孜煤矿顶板次生离层水的形成与防治[J].华北科技学院学报,2008(1):9-12.

[23] 何满潮,景海河,孙晓明.软岩工程地质力学研究进展[J].工程地质学报,2000,8(1):46-62.

[24] 黄平华,陈建生,宁超.焦作矿区地下水中氢氧同位素分析[J].煤炭学报,2012(5):770-775.

[25] 黄小兰,杨春和,刘建军,等.不同含水情况下的泥岩蠕变试验及其对油田套损影响研究[J].岩石力学与工程学报,2008,27(S2):3477-3482.

[26] 纪洪广,蒋华,宋朝阳,等.弱胶结砂岩遇水软化过程细观结构演化及断口形貌分析[J].煤炭学报,2018,43(4):993-999.

[27] 蒋景东,陈生水,徐婕,等.不同含水状态下泥岩的力学性质及能量特征[J].煤炭学报,2018,43(8):2217-2224.

[28] 康红普,王金华,林健.高预应力强力支护系统及其在深部巷道中的应用[J].煤炭学报,2007,32(12):1233-1238.

[29] 康永华.采煤方法变革对导水裂缝带发育规律的影响[J].煤炭学报,1998(3):3-5.

[30] 李东,刘生优,张光德,等.鄂尔多斯盆地北部典型顶板水害特征及其防治技术[J].煤炭学报,2017,42(12):3249-3254.

[31] 李坤,曾一凡,尚彦军,等.基于 GIS 的"三图-双预测法"的应用[J].煤田地

质与勘探,2015,43(2):58-62.

[32] 李沛涛,武强.开采底砾含水层保护煤柱可行性研究[J].煤炭工程,2008,42 (11):7-9.

[33] 李伟,李文平,程新明,等.整体结构顶板特大动力突水水害查治方法[M]. 徐州:中国矿业大学出版社,2008.

[34] 李小琴.坚硬覆岩下重复采动离层水涌突机理研究[D].徐州:中国矿业大 学,2011.

[35] 李燕,徐志敏,刘勇.矿井突水水源判别方法概述[J].煤炭技术,2010,29 (11):87-89.

[36] 李喆.宁东鸳鸯湖矿区梅花井煤矿112201工作面探放水实践[J].中国煤炭 地质,2011,23(11):41-43.

[37] 李振华,翟常治,李龙飞.带压开采煤层底板断层活化突水机理试验研究 [J].中南大学学报(自然科学版),2015,46(5):1806-1811.

[38] 连会青,夏向学,冉伟,等.薄基岩浅埋煤层覆岩运移流固耦合模拟实验[J]. 煤炭技术,2014,33(12):130-132.

[39] 刘剑民,王继仁,刘银朋,等.基于水化学分析的煤矿矿井突水水源判别[J]. 安全与环境学报,2015(1):31-35.

[40] 刘泉声,罗慈友,彭星新,等.软岩现场流变试验及非线性分数阶蠕变模型 [J].煤炭学报,2020,45(4):1348-1356.

[41] 刘天泉.大面积采场引起的采动影响及其时空分布规律[J].矿山测量,1981 (1):70-77.

[42] 刘文明,桂和荣,孙雪芳,等.潘谢矿区矿井突水水源的QLT法判别[J].中 国煤炭,2001(5):31-34.

[43] 刘晓明,赵明华,苏永华.软岩崩解分形机制的数学模拟[J].岩土力学,2008 (8):2043-2046,2069.

[44] 刘洋.韩家湾煤矿三盘区开采突水溃砂可能性分析[J].煤炭工程,2011 (11):94-96,99.

[45] 刘颖,孙亚军,徐智敏,等.基于GIS小浪底水库下采煤的危险性分析与评 价[J].煤矿安全,2009(6):98-101.

[46] 刘玉,李顺才,马立强,等.水沙混合物非Darcy裂隙渗流试验研究[J].煤炭 学报,2018,43(8):2296-2303.

[47] 刘镇,周翠英,朱凤贤,等.软岩饱水软化过程微观结构演化的临界判据[J]. 岩土力学,2011,32(3):661-666.

[48] 陆家梁.软岩巷道支护技术[M].长春:吉林科学技术出版社,1995.

[49] 吕玉广,李宏杰,夏宇君,等.基于多类型四双法的煤层顶板突水预测评价研究[J].煤炭科学技术,2019,47(9):219-228.

[50] 吕玉广,齐东合,张传毅,等.间接充水含水层突水危险性综合评价方法及系统:CN201510657028.7[P].2016-01-22.

[51] 吕玉广,齐东合.顶板突(涌)水危险性"双图"评价技术与应用:以鄂尔多斯盆地西缘新上海一号煤矿为例[J].煤田地质与勘探,2016,44(5):108-112.

[52] 吕玉广,齐东合.内蒙古鄂托克前旗新上海一号煤矿111084工作面突水原因与机理[J].中国煤炭地质,2016,28(9):53-57.

[53] 吕玉广,肖庆华,程久龙.弱富水软岩水-沙混合型突水机制与防治技术:以上海庙矿区为例[J].煤炭学报,2019(10):3154-3163.

[54] 吕玉广.水文地质复杂矿井突水水源综合判别方法研究[J].煤炭科学技术,2017,45(10):155-161,175.

[55] 吕玉广.王楼井田"两水源三通道"充水实例[J].煤炭科技,2012(2):80-82.

[56] 马雷,钱家忠,赵卫东.基于GIS和水质水温的矿井突水水源快速判别[J].煤田地质与勘探,2014(2):49-53.

[57] 煤炭科学研究院北京开采研究所.煤矿地表移动覆岩破坏规律及其应用[M].北京:煤炭工业出版社,1981.

[58] 缪协兴,茅献彪,孙振武,等.采场覆岩中复合关键层的形成条件与判别方法[J].中国矿业大学学报,2005,34(5):547-550.

[59] 钱鸣高,缪协兴,何富连.采场"砌体梁"结构的关键块分析[J].煤炭学报,1994(6):557-563.

[60] 钱鸣高,缪协兴,许家林,等.岩层控制的关键层理论[J].煤炭学报,1996(3):2-7.

[61] 乔伟,李文平,李小琴.采场顶板离层水"静水压涌突水"机理及防治[J].采矿与安全工程学报,2011,28(1):96-104.

[62] 乔伟,李文平,孙如华,等.煤矿特大动力突水动力冲破带形成机理研究[J].岩土工程学报,2011,33(11):1726-1733.

[63] 秦广鹏,蒋金泉,孙森,等.大变形软岩顶底板煤巷锚网索联合支护研究[J].采矿与安全工程学报,2012,29(2):209-214.

[64] 任建喜,杨渴.软弱围岩巷道松动圈演化规律及支护技术研究[J].煤炭工程,2018,50(1):77-80.

[65] 任智德,吕玉广,郑纲.利用脆性岩石含量指数预测裂隙型含水层富水区[J].煤田地质与勘探,2011,39(4):35-38.

[66] 宋朝阳,纪洪广,刘志强,等.饱和水弱胶结砂岩剪切断裂面形貌特征及破

坏机理[J].煤炭学报,2018,43(9):2444-2451.

[67] 宋亚新.哈拉沟煤矿 22402 工作面初采期溃水溃沙机理及防治技术[J].煤矿安全,2012(12):91-93.

[68] 隋旺华,蔡光桃,董青红.近松散层采煤覆岩采动裂缝水砂突涌临界水力坡度试验[J].岩石力学与工程学报,2007,26(10):2084-2091.

[69] 隋旺华,董青红.近松散层开采孔隙水压力变化及其对水砂突涌的前兆意义[J].岩石力学与工程学报,2008,27(9):1908-1916.

[70] 隋旺华,梁艳坤,张改玲,等.采掘中突水溃砂机理研究现状及展望[J].煤炭科学技术,2011,39(11):5-9.

[71] 隋旺华,刘佳维,高炳伦,等.采掘诱发高势能溃砂灾变机理与防控研究与展望[J].煤炭学报,2019,44(8):2419-2426.

[72] 孙利辉,纪洪广,蒋华,等.弱胶结地层条件下垮落带岩层破碎冒落特征与压实变形规律试验研究[J].煤炭学报,2017,42(10):2565-2572.

[73] 田增林,黄选明,曹海东,等.基于 Aquifer Test 的底板放水试验参数计算与评价研究[J].煤炭工程,2018,50(9):96-100.

[74] 王广弟,刘雨琪,刘红艳.含水层富水性分区的无量纲与可拓层次分析法研究[J].煤炭工程,2016,48(S2):145-147,151.

[75] 王进学,杨胜利,陈忠辉.膨胀软岩巷道底鼓机理与耦合支护技术研究[J].金属矿山,2008(12):16-20.

[76] 王经明,喻道慧.煤层顶板次生离层水害成因的模拟研究[J].岩土工程学报,2010,32(2):231-236.

[77] 王诺,张进,吴迪,等.世界煤炭资源流动的时空格局及成因分析[J].自然资源学报,2019,34(3):487-500.

[78] 王世东,沈显华,牟平.韩家湾煤矿浅埋煤层富水区下溃砂突水性预测[J].煤炭科学技术,2009,37(1):92-95.

[79] 王洋,武强,丁湘,等.深埋侏罗系煤层顶板水害源头防控关键技术[J].煤炭学报,2019,44(8):2449-2459.

[80] 王永吉.西部弱胶结软岩力学特性试验研究[D].青岛:山东科技大学,2013.

[81] 王振荣.厚松散含水层煤层开采突水溃沙防治技术[J].煤炭科学技术,2016,44(8):46-51.

[82] 王争鸣,王经明.新集矿区推覆体下采煤离层水的成因与防治[J].能源技术与管理,2008,32(3):55-57.

[83] 魏晓刚,麻凤海,刘书贤,等.含水泥岩蠕变损伤特性试验研究[J].河南理工大学学报(自然科学版),2016,35(5):725-731.

[84] 武斌,徐兴海,郜普涛,等.工作面顶板砂岩水综合防治技术研究应用[J].现代矿业,2009(6):115-117.

[85] 武强,樊振丽,刘守强,等.基于GIS的信息融合型含水层富水性评价方法:富水性指数法[J].煤炭学报,2011,36(7):1124-1128.

[86] 武强,黄晓玲,董东林,等.评价煤层顶板涌(突)水条件的"三图-双预测法"[J].煤炭学报,2000,25(1):60-65.

[87] 武强,徐华,赵颖旺,等.基于"三图法"煤层顶板突水动态可视化预测[J].煤炭学报,2016,41(12):2968-2974.

[88] 武强,许珂,张维.再论煤层顶板涌(突)水危险性预测评价的"三图-双预测法"[J].煤炭学报,2016,41(6):1341-1347.

[89] 许家林,朱卫兵,王晓振.基于关键层位置的导水裂隙带高度预计方法[J].煤炭学报,2012,37(5):762-769.

[90] 许兴亮,张农.富水条件下软岩巷道变形特征与过程控制研究[J].中国矿业大学学报,2007,36(3):298-302.

[91] 许延春,李俊成,刘世奇,等.综放开采覆岩"两带"高度的计算公式及适用性分析[J].煤矿开采,2011,16(2):4-7,11.

[92] 阳富强,刘广宁,郭乐乐.矿井突水水源辨识的改进SVM和GA-BP神经网络模型[J].有色金属(矿山部分),2015(1):87-91.

[93] 殷晓曦,许光泉,桂和荣,等.系统聚类逐步判别法对皖北矿区突水水源的分析[J].煤田地质与勘探,2006,34(2):58-62.

[94] 尹尚先,徐斌,徐慧,等.综采条件下煤层顶板导水裂缝带高度计算研究[J].煤炭科学技术,2013,47(9):138-142.

[95] 张东升,李文平,来兴平,等.我国西北煤炭开采中的水资源保护基础理论研究进展[J].煤炭学报,2017,42(1):36-43.

[96] 张磊,许光泉.矿井突水水源的水化学特征分析及其判别模型[J].矿业安全与环保,2010,37(2):7-10,91.

[97] 张瑞钢,钱家忠,马雷,等.可拓识别方法在矿井突水水源判别中的应用[J].煤炭学报,2009(1):33-38.

[98] 张士川,郭惟嘉,孙文斌,等.深部开采隐伏构造扩展活化及突水试验研究[J].岩土力学,2015,36(11):3111-3120.

[99] 张炜,张东升,马立强,等.一种氡气地表探测覆岩采动裂隙综合试验系统研制与应用[J].岩石力学与工程学报,2011(12):2531-2539

[100] 张文忠.离层水突水模式与离层破断距[J].湖南科技大学学报(自然科学版),2015,30(2):20-23.

[101] 张向东,傅强.泥岩三轴蠕变实验研究[J].应用力学学报,2012,29(2): 154-158,238.

[102] 张玉军,康永华,刘秀娥.松软砂岩含水层下煤矿开采溃砂预测[J].煤炭学报,2006,31(4):429-432.

[103] 赵经彻,陶廷云,刘先贵,等.关于综放开采的岩层运动和矿山压力控制问题[J].岩石力学与工程学报,1997(2):37-44.

[104] 中国煤田地质总局.鄂尔多斯盆地聚煤规律及煤炭资源评价[M].北京:煤炭工业出版社,1996.

[105] 中国能源中长期发展战略研究项目组.中国能源中长期(2030—2050)发展战略研究:综合卷[M].北京:科学出版社,2011.

[106] 周翠英,彭泽英,尚伟,等.论岩土工程中水-岩相互作用研究的焦点问题:特殊软岩的力学变异性[J].岩土力学,2002,23(1):124-128.

[107] 周翠英,朱凤贤,张磊.软岩饱水试验与软化临界现象研究[J].岩土力学,2010,31(6):1709-1715.

[108] 周孟然,闫鹏程.煤矿突水水源的激光光谱检测技术研究[M].合肥:合肥工业大学出版社,2017.

[109] 朱庆伟,李航,杨小虎,等.采动覆岩结构演化特征及对地表沉陷的影响分析[J].煤炭学报,2019,44(S1):9-17.

[110] 朱庆伟,李小明.基于水化学特征分析的矿井突水水源判别[J].华北科技学院学报,2015(3):28-32,38.

[111] 朱卫兵,王晓振,孔翔,等.覆岩离层区积水引发的采场突水机制研究[J].岩石力学与工程学报,2009,28(2):306-311.

[112] 左建平,孙运江,文金浩,等.岩层移动理论与力学模型及其展望[J].煤炭科学技术,2018,46(1):1-11,87.

[113] BOOTH C J.Groundwater as an environmental constraint of longwall coal mining[J].Environmental earth sciences,2006,49(6):796-803.

[114] BOOTH C J,BERTSCH L P.Groundwater geochemistry in shallow aquifers above longwall mines in Illinois,USA[J].Hydrogeology journal,1999,7(6):561-575.

[115] BOOTH C J,CURTISS A M.Anomalous increases in piezometric levels in advance of longwall mining subsidence[J].Environmental and engineering geoscience,1999,5(4):407-417.

[116] HENSON H J,SEXTON J L.Premine study of shallow coal seams using high-resolution seismic reflection methods [J].Geophysics,1991,56(9):

1494-1503.

[117] HOLLA L.Ground movement due to longwall mining in high relief areas in New South Wales,Australia [J].International journal of rock mechanics and mining sciences,1997,34(5):775-787.

[118] KARAMAN A,CARPENTER P J,BOOTH C J.Type-curve analysis of water-level changes induced by a longwall mine[J].Environmental geology,2001,40(7):897-901.

[119] LIN S.Displacement discontinuities and stress changes between roof strata and their influence on longwall mining under aquifers[J].Geotechnical and geological engineering,1993,11(1):37-50.

[120] MENG X R,GAO Z N.Breakability analysis of the elastic rock beam based on the Winkler mode[J].Journal of coal science and engineering,2007,13(2):118-122.

[121] MILLER R D, STEEPLES D W, SCHULTE L. Shallow seismic reflection study of a salt dissolution well field near Hutchinson,KS[J].Mining engineering,1993,45(10):1291-1296.

[122] SMITH G J,ROSENBAUM M S.Recent underground investigations of abandoned chalk mine workings beneath Norwich City,Norfolk[J].Engineering geology,1993,36(1-2):67-78.